如果我们选择了最能为人类福利而劳动的职业，那么，重担就不能把我们压倒，因为这是为大家而献身；那时我们所感到的就不是可怜的、有限的、自私的乐趣，我们的幸福将属于千百万人，我们的事业将默默地、但是永恒发挥作用地存在下去。而面对我们的骨灰，高尚的人们将洒下热泪。

——谨以此书献给全国环保工作者暨所有热爱、关心、支持环保事业的同志们！

机遇与抉择

——松花江事件的深度思考

周生贤 著

新华出版社

图书在版编目（CIP）数据

机遇与抉择：松花江事件的深度思考 / 周生贤 著

北京：新华出版社，2007.11

ISBN 978-7-5011-8191-9

Ⅰ．机…Ⅱ．周…Ⅲ．环境保护—研究—中国

Ⅳ．X-12

中国版本图书馆 CIP 数据核字（2007）第 182349 号

机遇与抉择——松花江事件的深度思考

作　　者：周生贤

责任编辑：徐　光

装帧设计：陈卫东

封面设计：伍民力

出版发行：新华出版社

地　　址：北京石景山区京原路 8 号

网　　址：http://www.xinhuapub.com　http://press.xinhuanet.com

邮　　编：100040

经　　销：新华书店

照　　排：新华出版社照排中心

印　　刷：河北高碑店鑫昊印刷有限责任公司

开　　本：640 毫米 × 960 毫米　1/16

印　　张：22

字　　数：190 千字

版　　次：2007 年 12 月第一版

印　　次：2007 年 12 月第一次印刷

书　　号：ISBN 978-7-5011-8191-9

定　　价：59.00 元

本社购书热线：（010）63077122　　中国新闻书店电话：（010）63072012

图书如有印装质量问题，请与印刷厂联系调换。电话：（0312）2838225

前　言

　　党中央、国务院历来高度重视环境保护，将环境保护作为基本国策并努力推进实施。十六大以来，确立了科学发展和构建社会主义和谐社会的重大战略，提出了加快转变经济增长方式，建设资源节约型、环境友好型社会的迫切要求。以第六次全国环境保护大会为标志，我国进入了以保护环境优化经济增长的新阶段。

　　然而，我国的环境形势并不乐观，环境的绝对风险和相对风险正在逐步加大，环境恶化的趋势还未得到遏制。环境问题已经成为危及群众健康、制约社会发展、损害国家形象的重要因素，成为国际社会关注的焦点、人民群众关心的热点、构建社会主义和谐社会的难点。人们从来没有像今天这样感受到，环境问题与自己的生活联系得如此紧密，以至于任何重大突发环境事件都会直接或间接影响到自身；环境问题从来没有像今天这样严峻，以至于维系生存的基本条件水、空气、土壤、食物等，时常发出受到严重威胁的警报；环境问题从来没有像今天这样复杂，以至于它超越了国家、种族的概念，融入政治、经济和社会发展的方方面面。中国改革开放以来取得了西方经过百年努力获得的经济成果，而西方百年发生的环境问题也在中国开始集中显现。环境问题已经成为制约经济社会发展的"瓶颈"。今后一个时期，随着我国人口增加，资源、能源消耗持续增长和人民生活水平不断提高，环境的绝对风险和相对风险将相互交织，相互叠加，将使环境问题变得更加复杂，环境保护面临的压力更加沉重。

从污染排放情况来看，排污总量持续攀升与有限的环境容量之间的矛盾日益突出。2006年，全国二氧化硫排放量2588.8万吨，化学需氧量排放量1428.2万吨，分别比2005年增长1.5％和1.0%。虽然二氧化硫和化学需氧量排放量增幅与2005年相比分别回落了11.6和4.6个百分点，但是没有完成年初确定的减排目标。

从环境信访情况来看，人民群众对良好环境质量的迫切要求与改善环境质量的艰巨性、复杂性和长期性之间的矛盾日益突出。2007年3月底召开的第六次全国信访工作会议传递了这样一个信息，信访工作虽然总体出现了全国信访总量、集体上访量、非正常上访量、群体性事件发生量"四个下降"，特别是信访总量继2005年出现12年来首次下降后，2006年再次下降15.5%。但是，环境保护却成为信访工作的五个重点之一。环境信访和群体事件近几年均以30%的速度上升。环境问题也是参加全国"两会"的代表和委员们关注的热点问题，有关的议案、提案和建议连年增加。

从污染事故发生情况来看，突发环境事件频发与应急处置能力严重不足之间的矛盾日益突出。2006年，仅国家环保总局接报处置的突发环境事件就多达161起，比2005年增加85起，其中吉林市牤牛河二甲基苯酚水污染事件、湖南岳阳新墙河砷污染事件、甘肃徽县铅中毒事件、山西繁峙大沙河煤焦油污染事件等引起了社会广泛关注，群众对此反映十分强烈。全国大部分市、县级环境应急能力薄弱，缺少环境应急专业人才和必要的应急交通工具及监测、防控设备，有的甚至连基本的防护装备都不具备，难以承担现场应急处置工作，一旦发生环境污染事故，污染防控措施跟不上，往往出现污染扩大趋势。

从全球环境保护的情况来看，国内经济发展与履行国际环境义务之间的矛盾日益突出。近年来，我国积极参与国际环境交流与合作，签署了50多项涉及环保的国际条约，并积极履行条约规定的义务，赢得了国际社会的广泛赞誉。但是，也要看到，当前我国化学需氧量、二氧化硫、汞、消耗臭氧层物质、二氧化碳排放量均居世界前列。"中国环境威胁论"在国际社会悄然抬头。气候变化等环境问题已经成为国际交往与合作中的热点问题，一些国家要求发展中大国承担与发达国家相似的义务。气候变化国际谈判的形势显得异常复杂，一些发达国家和地区采取激进立场，其目的就是要利用技术优势占领低碳经济的制高点，施压的重点对象包括中国等国家。我国环境政策和环保工作成效直接影响我国对外政治、经济交往和负责任的国家形象，面临的国际压力越来越大。

"十一五"期间，将是各种环境矛盾和冲突的凸显期。种种迹象显示，我们已经站在了历史的转折点上。在此期间，传统发展方式逐步接近顶点，历史积累的矛盾和问题将因发展思路的转变和重大行动的实施而集中爆发；地方政府在新的发展理念下调整习惯思维和追求，利益冲突将逐步加剧；未来发展的战略方向将逐步清晰，行动和政策将更加果断，冲突进入高峰期；环境污染的成本逐步大于收益，社会发展的环境承载力被逼到极限，战略拐点已经形成。"十一五"期间，是中国环境与发展最关键的时期，是各种思想、行动以及利益冲突最尖锐的时期，同时也是充满希望、大有作为的关键时期。

在经济社会发展的重要时期，环境管理部门别无选择地要面对最复杂的局面、承担最庄严的使命。以科学发展观为指导，促进国民经济又好又快发展，强烈要求我们必须将解决好环境问题放在首位。

思想上要正确认识环境保护与经济发展的关系。党中央、国务院高瞻远瞩、审时度势，提出做好新形势下的环保工作，关键是要加快实现"三个转变"：一是从重经济增长轻环境保护转变为保护环境与经济增长并重；二是从环境保护滞后于经济发展转变为环境保护和经济发展同步；三是从主要用行政办法保护环境转变为综合运用法律、经济、技术和必要的行政办法解决环境问题。这是战略性、方向性、历史性的转变。按照实现历史性转变的要求，党中央、国务院进一步明确了新时期环保工作的目标、任务和政策措施，十六届六中全会充分肯定了新时期环保工作的部署。现在的关键是，各级党委和政府要牢固树立保护环境优化经济结构的意识，将环境保护作为新时期推进发展的主要任务。"科学发展看环保，和谐社会看民生"要成为各级领导干部的共识。

政策上要从国家发展战略层面切入解决环境问题。

只有将环境保护上升到国家意志的战略高度，融入经济社会发展全局，才能从源头上减少环境问题。在发展政策上，要抓紧拟订有利于环境保护的价格、财政、税收、金融、土地等方面的经济政策体系，应当采取总体制度一次性设计、分步实施到位的办法，使鼓励发展的政策与鼓励环保的政策充分融合。在发展布局上，要遵循自然规律，开展全国生态功能区划工作，根据不同地区的环境功能与资源环境承载能力，按照优化开发、重点开发、限制开发和禁止开发的要求确定不同地区的发展模式，引导各地合理选择发展方向，形成各具特色的发展格局。在发展规划上，要进一步优化重化工工业的布局、调整产业结构、转变经济增长方式，要在发展规划上做大文章。

措施上要实行最严厉的环境保护制度。在环境问题上，我国面临的挑战比任何一个国家都要大，都要紧迫。因此，要像控制人口、保护耕地一样，实行最严厉的环境保护制度，建立健全与现阶段社会经济发展特点和环境保护管理决策相一致的环境法规、政策、标准和技术体系。凡是污染严重的落后工艺、技术、装备、生产能力和产品一律淘汰；凡是不符合环保要求的建设项目一律不允许新建；凡是超标或超总量控制指标排污的工业企业一律停产治理；凡是未完成主要污染物排放总量控制任务的地区一律实行"区域限批";凡是破坏环境的违法犯罪行为一律受到严惩。最严厉的制度,包括严格的法律制度、环境标准、训练有素的执法队伍、行之有效的执法手段等。核心要求是杜绝一切环境违法行为,要让任何对环境造成危害的个人和单位补偿环境损失。决不允许少数人发财,人民群众受害,全社会埋单的情况一再出现。

行动上要动员全社会力量保护环境。环境保护是全民族的事业,必须紧紧依靠人民群众,充分调动一切积极因素,形成千军万马齐心协力保护环境的局面。一是广泛开展环境宣传教育。多形式、多方位、多层面宣传环境保护知识、政策和法律法规,弘扬环境文化,倡导生态文明,营造全社会关心、支持、参与环境保护的文化氛围。加强对领导干部、重点企业负责人的环保培训,提高依法行政和守法经营意识。将环境保护列入素质教育的重要内容,强化青少年环境基础教育,开展全民环保科普宣传,提高全民保护环境的自觉性。二是加强部门协作。环保部门是推动环境保护事业发展的"总体设计部",其他有关部门是环境保护事业的共同建设者;要加强环保部门的机构、队伍和能力建设,进一步完善环境保护统一监督管理体制。三是强化社会监督。公开环境质量、环境管理、企业环境行为等信息,维护公众的环境知情权、参与权和监督权。对涉及公众环境权益的发展规划和建设项目，要通过听证会、论证会或者社会公示等形式，听取公众意见，接受舆论监督。四是形成科技创新与科学决策机制。针对现阶段的环境污染形势和广大人民群众改善环境的迫切愿望，要不断加大全球性、区域性、流域性等前瞻性重大环境问题的成因与演化趋势的研究，组织开展科技攻关，形成国家、地方政府对水环境、大气环境等监控、预警技术体系，带动环境保护体制机制创新。进一步发挥"两委"的决策咨询作用，加强国际合作与交流，理性地借鉴国际环境保护的成功经验，积极参与全球性、区域性环境保护活动。五是健全公众参与机制。发挥社会团体的作用，为各种社会力量参与环境保护搭建平台，鼓励公众检举揭发各种环境违法行为，推动环境公益诉讼。六是加强基层社会单元的环保工作。把环境保护作为社区、村镇建设的一项重要内容，引导和动员广大群众参与环保工作，使每个公民在享受环境权益的同时自觉履行保护环境的法定义务。

松花江水污染事件发生的特殊背景，历史地成了中国环境历史性转变的载体。松花江水污染事件证实了人们对环境问题严峻性的判断，通过具体化的事件引起了社会关注，进而扩展到对发展问题的思考。经过广泛讨论，人们对中国环境问题取得共识，又在共识的基础上形成改善环境的愿望和基本诉求。

联合国环境规划署前执行主任特普费尔指出："人类目前正处于发展的十字路口，人类的未来掌握在自己手中，今天所做的抉择将决定自己和子孙后代生活在什么样的环境之中。"面对环境，我们永远不能说也不需说的一句话，就是"太迟了！"如果真是到了那一天，才产生解决环境问题的勇气和魄力，那才真是"太迟了！"

目 录

第一章　中国环保的严峻考验
——面对重大环境事件的抉择与思考

每个时代都有它的重大课题，解决了它就把人类社会向前推进了一步。

——海涅

党中央：高度关注，正确领导 …………… （2）

各级政府：明确任务，积极行动 ………… （7）

环保人：牢记责任，不辱使命 ………… （12）

凝聚生成：无价精神，宝贵财富 ……… （21）

深度思考：教训沉痛，机遇重大 ……… （26）

第二章 面对前所未有的挑战

——认清中国严峻的环境形势

人们常被自己的能动作用和很快得到的利益冲昏头脑，他们并不了解，为了当前的利益却要在未来付出重大的代价。

——奥雷利奥·佩西

历史教训不久远 ……………………………（40）

醒世之作三本书 ……………………………（42）

环境形势堪忧虑 ……………………………（49）

发展趋势不乐观 ……………………………（60）

环境问题很复杂 ……………………………（65）

心怀安危责任重 ……………………………（69）

第三章 站在新的历史起点上

——中国环保的历史性转变

当务之急不是转移视线回避危险，而是要以积极和乐观的态度，勇敢地正视挑战，寻求变通发展的途径。在新的发展途径上尽早起步，才能使人类免于损失，或者说免于灾难。

——米哈伊罗·米萨诺维奇

科学发展催生环保智慧之花 …………（74）

启动新时期环保的重大《决定》………（82）

中国环保进入新时代 …………………………（87）

转折点上的历史性抉择 ………………………（93）

第四章　迈向新的发展阶段
——以保护环境优化经济增长

只有知道了通往今天的路，才能清楚而明

智地规划未来。

——斯蒂文森

"天人合一"寻化境 …………………………（119）

冲突选择须有方 ………………………………（123）

他山之石可攻玉 ………………………………（128）

探索不辍觅真章 ………………………………（140）

强矢重典促优化 ………………………………（151）

第五章　追寻可持续的发展方式
——努力建设环境友好型社会

人类改造其环境的能力，如果明智地加以

使用的话，就可以给各国人民带来开发的利益

和提高生活质量的机会。如果使用不当，或轻

率地使用，这种能力就会给人类和人类环境造

成无法估量的损害。

——《人类环境宣言》

思想回归文化本源 ················ （156）

创新理论指导实践 ················ （161）

"友好"内涵丰富深刻 ·············· （165）

· 政策支持加速推进 ················ （179）

只有友好才会和谐 ················ （187）

第六章　肩负起历史赋予的重任
——转变环保工作的思路

没有对历史过程的审视，没有对历史事件的反思，没有对历史经验的总结，就不能发现符合人们现代生活的追求，因此，新思路的确立是人们对自己命运的审慎选择。

——作者

明确思路定方向 ·················· （196）

一个重点保兴业 ·················· （203）

两件大事立根基 ·················· （207）

三项制度严约束 ·················· （210）

四项工作一起抓 ·················· （217）

五大建设强能力 ·················· （223）

六大关系促协调 ·················· （232）

第七章　谋划新型发展战略

——面向未来的谋划与行动

地球上最美丽的花朵，是人类的智慧，是独立思考着的精神。

——恩格斯

在行动中推进发展 …………………………（238）

在思考中谋划未来 …………………………（246）

国家战略势在必行 …………………………（261）

未来环保的战略蓝图 ………………………（265）

第八章　拥抱中国环保的未来

——让不堪重负的江河湖海"休养生息"

知者不惑，仁者不忧，勇者不惧。

——《论语》

让松花江流淌出欢乐的歌 …………………（284）

让不堪重负的江河湖海休养生息 …………（301）

让生活相伴碧水蓝天 ………………………（315）

后　记 ………………………………………（323）

主要参考文献 ………………………………（329）

第一章

中国环保的严峻考验

——面对重大环境事件的抉择与思考

> 每个时代都有它的重大课题，解决了它就把人类社会向前推进了一步。
>
> ——海涅

2005 年 11 月 13 日，因为松花江水污染事件发生的特殊性、问题的严重性、产生的巨大影响以及由此引发的一系列重大变化而载入中国和世界环境保护史册。这一天，位于吉林省吉林市的中石油吉林石化公司双苯厂发生爆炸事故，造成大量苯类污染物进入松花江水体，引发重大水环境污染事件，沿江群众的生产生活受到严重威胁。一时间，上下震惊，举国关注。

党中央：高度关注，正确领导

爆炸产生的污染团顺江而下，给松花江沿江两岸特别是大中城市的人民群众生活和经济发展造成严重威胁，并极有可能产生不良的国际影响。党中央、国务院对松花江重大水污染事件高度关注。胡锦涛总书记、温家宝总理在事件发展的不同阶段，多次作出重要指示，要求地方党委、政府及国务院相关部门采取有效措施，积极应对，把损失降到最低程度。

事件也引起国内外的高度关切和重视。国内媒体对此事进行了跟踪报道，并配以广泛深入评论。对事件产生的影响，媒体报道："据介绍，哈尔滨市饮用水日需求量1.86万吨。为保证市民生活用水，哈尔滨市从省内各市(县)调水，由各区对口接收省内各市(县)的送水。截至22日8时，哈尔滨市已从省内其他城市调入瓶装水、桶装水550吨。从辽宁省沈阳市送来的十车皮1338吨纯净水也已到达……全市各大商店、超市、社区商店都已摆上了新到的饮用水。此外，黑龙江省疾病预防控制中心正在对哈尔滨市区386口备用水源井进行污染指标检测。如果符合有关用水标准，那么哈尔滨市将启用自备水井的水源。22日一天，哈尔滨市新打55

眼新井,出水四万吨,经检验水质合格,向市民供应。另外,黑龙江省还紧急从大庆调集石油打井队前往哈尔滨支援打井。"

国际媒体也对此事件作出了及时反映。11 月 24 日,俄罗斯多家媒体的头条都聚焦在受污染的江水流经俄罗斯时,是否会给当地带来危害。《国际先驱论坛报》网站24 日发表文章说:水污染令中国城市不安!政府决定切断哈尔滨市有可能受到了污染的供水,这充分说明中国各地工业污染对公众健康和经济发展构成的威胁。松花江水污染事件提醒人们,在经济蓬勃发展之际,中国正面临严峻的环境挑战。快速工业化、人口众多和集约型农业结合在一起,导致了严重的空气污染、淡水匮乏和土壤退化。路透社 24 日报道说,哈尔滨受到化学毒素污染的河中漂浮着死鱼,等候领取安全用水的居民排成长龙。

党中央、国务院高度重视松花江水污染事件。当获知松花江发生重大突发水污染事件时,立即作出重要指示和部署;当防控工作取得重大进展时,给予充分肯定、亲切勉励;当提出重大措施建议时,及时研究、作出批示;当防控遇到矛盾和困难时,体察实情、协力推动。松花江水污染事件防控取得成功的最根本保障,是党中央、国务院的高度重视和正确领导。

时间真实地记录了这一过程：

2005 年 11 月 15 日，曾培炎副总理在国家环保总局报送的值班信息中批示，要求国网公司采取措施，加大放水流量，稀释污染物，并要求环保部门加强松花江水质监测，确保居民、单位用水安全。

11 月 26 日，中共中央政治局常委、国务院总理温家宝在国务委员兼国务院秘书长华建敏的陪同下，亲赴哈尔滨，代表党中央、国务院，代表胡锦涛总书记看望广大群众，并亲临现场察看松花江水体污染情况，了解群众生活用水供应。温总理视察了水厂和打井工地，慰问了小区居民，听取了黑龙江省委、省政府及有关部门的汇报。对黑龙江省和哈尔滨市为保证居民饮水安全所做的工作给予了充分肯定，并提出了严密监测水污染情况、保证群众饮水需要和水质安全、切实做好水污染的善后工作、加强安全生产工作、认真调查事故原因、加强与俄罗斯方面的联系、加强宣传引导等七项要求。

12 月 2 日，中共中央办公厅、国务院办公厅发出了《关于处理松花江重大水环境污染事件的情况通报》，对松花江重大水污染事件的情况进行了通报，对处理好这起事件提出了明确要求。

12 月 3 日，国务委员兼国务院秘书长华建敏到国家环保总局主持召开现场办公会。在听取松花江水污染事件最新情况的简要汇报后，华建敏同志作出重要指示，要求尽快测算出污染物到达黑龙江同江市的时间、浓度，并充分论证实施工程措施的可行性。提出在实施工程措施时，要坚持三个原则：一是绝对不能造成冰坝、凌汛等新的自然灾害；二是在处理过程中要确保安全，绝对不能造成人员伤亡和新的财产损失；三是充分加强与地方的沟通，采取的各项措施要征得地方政府的同意才能施行。

12月4日，温家宝总理就松花江水污染事件致信俄罗斯总理弗拉德科夫。温家宝总理在信中强调，中俄两国人民同饮一江水，保护跨界水资源，对两国人民的健康和安全至关重要。温家宝总理介绍了中方已经并正在采取的措施，表示中方对此次污染持负责任的态度。重申愿与俄方进一步加强合作，消除灾害后果。

12月8日，国家主席胡锦涛在人民大会堂会见俄罗斯政府第一副总理梅德韦杰夫。在谈到松花江水污染事件时，胡锦涛主席表示，中国政府一定会本着对两国和两国人民高度负责的态度，严肃认真地处理此事，采取一切必要和有效的措施，最大限度地降低污染程度，减少这一事件给俄方造成的损害。愿与俄方加强沟通和协商，提供协助，开展合作，在双方的共同努力和密切配合下，相信有关问题一定能够得到妥善解决。党和国家领导人与俄罗斯政府的密切接触，使松花江水污染防控工作得到了俄方的大力支持和配合，化解了可能产生的国际矛盾，解决了一系列重大问题。

2006年2月8日，胡锦涛总书记在松花江流域水污染事件处置工作协调小组上报的阶段性小结报告上批示：前一阶段工作做的是好的，取得了良好效果。后一阶段任务依然繁重，要继续大力协同，周密细致，妥善处理。总书记的批示，既肯定了前一阶段的工作，又对后一阶段的工作作出了重要指示。中共中央政治局常委、政治局委员也两次集体批阅环保总局上报的松花江污染防控情况报告，对工作给予极大关心和支持。

2006年4月，松花江化冰期到来。为做好松花江水污染防治的善后工作，国务委员兼国务院秘书长华建敏11日至12日在吉林、黑龙江进行考察并召开会议进行专题研究，制定了有关措施。他要求，扎实做好化冰期水污染监测和综合治理工作，确保人民群众饮用水安全。

华建敏同志强调，随着松花江化冰期的到来，各有关地区和部门要加大工作力度，再接再厉，继续深入扎实做好水质监测和污染综合治理工作。要加强对化冰期松花江水质的监测分析，让人民群众放心；要继续做好各项水污染防控工作，确保群众饮用水安全；要加大沿江企业污水处理和排放治理力度；要全面做好安全生产工作，防止因生产安全事故造成对河流、土壤等的污染；要制定和完善保障饮用水安全预案、水污染应急处置预案等，增强快速反应和应急处置能力。

他还特别强调，要认真组织实施好关系到经济和社会发展长远大计的《松花江流域水污染防治规划》。要统筹兼顾，突出重点，把确保群众饮用水安全、确保大中城市集中式饮用水源建设放在优先位置。坚持综合治理、防治结合，在加快治理污染、消除隐患的同时，防止出现新的污染。

正是党中央、国务院的从容应对、快速处置、有效善后，才将这一事件造成的损失降到了最低；也正是党中央、国务院的正确领导和关怀，给了事件处理以强大的工作动力和战胜困难的信心和勇气。没有党的坚强领导，圆满处理松花江水污染事件是根本不可能的。

各级政府：明确任务，积极行动

松花江水污染事件发生以后，黑龙江、吉林两省党政领导和各部门都予以高度重视，分别成立了由主要领导任组长的工作组，开展应急工作，维护社会稳定。两省各级党委、政府及相关部门，坚决按照党中央、国务院的要求和部署，对防控工作给予高度重视，组织调集多方力量、设备和物资，投入到紧张的防控过程中，确保群众生活安定。与此同时，根据松花江水污染事件处置工作协调小组的统一部署，积极参与各项应急协调，规范信息报送等活动，使防控工作做到资源整合、形成合力。

吉林省对松花江重大水污染事件发生后的情况进行了及时监测，对双苯厂厂区进行了及时处理，切断了厂区的排水口，为事件的成功处理赢得了时间并提供了资料。

黑龙江省在污水团到达哈尔滨市之前，就已关闭了哈尔滨市在松花江中的自来水取水口，停止向哈尔滨市区供水，全面启动市级、区级和重点部位防控工作应急预案，确保群众生活用水安全和社会稳定。

佳木斯市是我国东北边陲的重要城市，位于松花江、黑龙江、乌苏里江汇流而成的三江平原的腹地，人口245万，下辖两市四县四区，隔黑龙江、乌苏里江与俄罗斯相望。被污染的水团经哈尔滨市后进入佳木斯市，导致佳木斯境内受污染江面长达571公里，直接影响六个县市中的35个乡镇，涉及近100万群众的饮用水安全。

如何减轻对当地生态环境的影响，如何让松花江江水中主要污染物浓度下降，如何以扎实有效的工作取信邻国、维护国家声誉，成为世人瞩目的焦点，也引起国际舆论的广泛关注。松花江污染防控的成败，佳木斯一役极为关键。

松花江水污染事件发生后，俄罗斯方面由于担心境内城市哈巴罗夫斯克水源可能遭受污染，提出在污水团进入俄境内之前，在中国境内建造一座分流水坝，使受到污染的江水绕开哈巴罗夫斯克市水源地。中国政府对俄方的要求给予了认真考虑。

12月5日上午，我与黑龙江省委书记宋法棠和省长张左己同志，就筑坝工程施工建设及其可能带来的生态环境问题进行了商讨，就实施污染物削减工程的目的、意义进行了交流，基本达成共识。第二天，组织相关专家赶赴远离佳木斯市500多公里的抚远水道拟筑坝址现场进行实地踏查，研究修筑拦水坝事宜，分析对当地生态环境的影响。

12月7日，我又与水利部副部长鄂竟平就修筑拦水坝事宜交换了意见并达成共识。黑龙江省副省长刘学良连夜在同江召开由省、市政府和相关部门领导及解放军某部指挥员参加的会议，成立了协作领导小组，部署了各项开工准备工作，就施工过程中需要解决的问题进行了协调。

在充分论证的基础上，按照国务院领导关于减污、治污工程必须坚持不得造成二次环境破坏与污染、不得造成人员伤亡等原则要求，监测防治组决定重点组织实施抚远水道导流堰工程、吉化爆炸现场的污染控制与清理工程两项措施，努力将污染危害降到最低。

抚远水道导流堰工程于 12 月 16 日正式启动。在零下 30 多摄氏度极端恶劣的施工条件下，黑龙江省省长张左己，副省长申立国、刘学良和水利部副部长鄂竟平亲临筑堰现场指挥，先后动员了 6300 多名干部群众、1500 多名解放军和武警官兵，调集了佳木斯、鹤岗、双鸭山、鸡西、农垦等地 2124 台（套）施工机械与运输设备投入工程建设。广大施工人员克服了流量急剧加大、水位上涨、冲刷剧烈、空间制约以及施工时间紧、工程量大、物资不足等诸多困难，于 21 日 12 时在污水团到达前四小时将分流水坝胜利合龙，为俄方哈巴罗夫斯克市 70 万人口的饮用水安全提供了重要保障。在零下 30 多摄氏度的严冬季节，在高水位、大流量条件下，以砂料筑堰，单向推进，非合理工期施工并成功实施江河截流，这在水利建设史上从未有过，创造了水利建设史上的奇迹。

12 月 19 日召开的佳木斯市政府、市政协及各界群众代表座谈会上，参会人员踊跃发言，对中央和各级政府水污染的处置措施表示支持，对夺取污染防控胜利充满信心，也对评估污染造成的影响、修复生态环境等提出了诸多有益的意见和建议。

事件的处理，离不开地方党委、政府及群众的大力协同，也离不开国务院相关部门的鼎力支持和密切配合。

12月3日，国务院副秘书长汪洋、尤权以及国家安监总局局长李毅中、建设部副部长仇保兴、水利部副部长鄂竟平、外交部部长助理李辉等有关负责同志陪同华建敏同志来到国家环保总局，研究松花江流域水污染事件有关工作。

水利部部长汪恕诚同志为此主持召开了紧急会议，水利部副部长、国家防总秘书长鄂竟平三次专程赴黑龙江省现场指导松花江防污防凌工作；建设部领导同志召集有关司局负责人和国内知名专家研究饮用水安全措施；农业部专门成立了由分管副部长任组长的处置工作组，防控农业和农产品污染；为落实资金，财政部的同志也是千方百计，积极努力，给予大力支持，甚至动用了总理应急基金。

在重大事件面前，体现出了共和国部长们高度的政治觉悟、责任心和大局观。水利部汪恕诚部长表示，水利部要顾全大局，环保总局说怎么干就怎么干。农业部部长杜青林同志，在环保总局提出希望农业部在渔业环境安全方面提供支援时，亲自打电话安排，当天就派出了工作组。科技部徐冠华部长，及时安排松花江水污染防控研究项目，在科技项目组织与方案设计中，接受环保总局的建议，主动修改了原计划，统一了松花江生态效应评估的重大课题研究。

松花江重大水环境污染事件之所以能在最短的时间内得到妥善处理和解决，是黑龙江、吉林各级党委、政府以及武警官兵、广大干部群众共同努力的结果，是国务院相关部门通力协作的结果。正是各界力量团结协作、众志成城、同舟共济、合力攻坚，才确保了防控斗争的最终胜利。

环保人：牢记责任，不辱使命

国家环保总局是国务院主管环境保护工作的直属机构，其职责之一就是指导和协调解决各地方、各部门以及跨地区、跨流域的重大环境问题，调查处理重大环境污染事故和生态破坏事件。在松花江水污染事件发生以后，环保总局理所当然地要主动站在解决问题的第一线，履行自己的职责，不辜负党和人民的重托。

统一思想，果断行动。面对事件，环保总局党组按照党中央、国务院的工作部署，采取了一系列措施。班子成员对于处理松花江水污染事件的意见保持高度一致，对工作认真负责，积极主动，形成了全局上下积极配合、协同作战的局面。环保总局机关各司局及直属单位，按照具体分工，认真负责地做好本职工作。为确保对整个防控事件的正确舆论引导，办公厅归口管理各部门关于松花江水污染事件的信息，确定发布的时间和时机以及各部门向总局报送信息的时间、频次和内容要求；科技司会同中国环境监测总站、中国环境科学研究院负责开展水质监测，科学准确地掌握水质动态信息，研究削减水体中硝基苯的工程技术方案，并展开松花江水污染环境影响评估工作，针对冰冻后污染物吸附、滞留等问题提出预案；国际司负责加强与俄方水质监测、污染控制等方面的合作；法规司负责研究可能发生的理赔标准、准则等问题……全局上下都把处理松花江水污染事件当做首要任务。中国环境科学研究院、中国环境监测总站、华南环科所、南京环科所派专业技术人员奔赴松花江佳木斯一线，取得第一手数据。吉林、黑龙江两省的环保工作者更是在冰天雪地的松花江面，忘我工作，涌现了许多可歌可泣的英雄事迹，塑造了新时代的中国环保精神。正是这种精神确保了松花江水污染事件的成功解决。

环保人时时牢记着温家宝总理在视察时的嘱托——

"决不让一个人喝不上水，也决不让一个人喝上污水"。环保人没有任何理由辜负党的重托和人民的期望，只能化压力为动力，迎难而上，为国分忧，为民解难。

12月4日晚环保总局党组召开会议，重点传达了华建敏同志在应急指挥中心主持召开现场办公会议的精神，深刻领会了加强松花江水污染趋势科学分析与预测，加速减污、治污工程论证决策等重要指示，重点研究了落实措施。达到了认识到位、责任到位、措施到位的目的，并决定立即赶赴黑龙江，现场论证工程措施，强化监控工作，协调落实松花江生态修复方案，尽快向国务院作出报告。同时决定召集有关技术人员，立即对污染带何时到达中俄边境，以及到达时的浓度等情况进行计算，确定最终结果。

12月5日，我率环保总局工作组抵达哈尔滨后，与黑龙江省有关领导就筑坝工程施工建设及其相关问题进行了商讨和交流。未及休息，便直接赶赴松花江污染防控前线佳木斯市。火车上，黑龙江省环保局局长向工作组汇报了松花江污染防控的最新进展。

12月6日，工作组赶到远离佳木斯市500多公里的抚远水道拟筑坝址现场，进行实地踏查。

12月7日，工作组先后到同江市环境监测站、中国环境监测总站松花江流域同江水质自动监测站，慰问坚守在工作岗位的环保工作者。松花江水污染事件发生后，国家环保总局派出中国环境监测总站专家并从各地抽调优秀监测人员，在松花江上布设了50多个监测断面，出动水质监测采样车7000多台次，行程十几万公里，发布监测数据3600余个，及时、准确、有效监测和预测污染带移动位置和时间，有效监控污染带的形成及其特征、状况，为沿江群众饮水安全工程的实施提供决策依据。他们长时间在冰天雪地、寒风刺骨的环境里工作，克服了重重困难，确保监测与防控工作到位，其事迹可圈可点，其精神可歌可泣。

随后，工作组又赶赴富锦市环保局、富锦监测断面，听取专家汇报。在佳木斯市前方以中国环境科学研究院为主的专家组，在现场和实验室实验的基础上提出了理论上成立、技术上合理、工程上可行、安全上保障的硝基苯削减工程方案。

削减松花江水污染物工程，是相对复杂和较难决策的一件事情。通过前线走访、调研和现场勘察，广泛听取省、市、县政府领导及群众意见，经过对工程的必要性、风险性等方面的综合分析研究，最终决定在充分肯定科研人员工作热情和对松花江污染防控所作贡献的同时，暂时放弃进一步试验和工程的准备工作，集中精力、全力以赴做好筑坝以及监测与防治工作。随后，向国务院领导作了第一次关于松花江水污染防控工作进展情况的报告。

12月8日，工作组同志在佳木斯市召开了机关、学校、企业、街道以及乡村代表座谈会。座谈会上了解到，当时群众对松花江污染带过去之后的一些生态环境问题心存疑虑，有的甚至顾虑重重。比如江中的鱼还能不能吃、水还能不能喝、开春后能不能用江水灌溉和养殖、底泥里还会残留多少硝基苯等等。

在污染带监控措施全面落实以及沿江群众饮用水安全得到充分保证的前提下，国家环保总局有必要调整工作重心，对松花江水污染后的生态环境状况进行评价与评估，有必要编制松花江水污染防治规划并开展治理行动，要尽快对事关人民群众生产发展、生活安全的问题作出科学与明确的答复，以实际行动为人民群众办实事。决定在原有工作的基础上，将科研力量集中到生态环境影响评估上来，并明确此项工作为当时松花江污染防控工作的重点，以加大力度、加快速度攻关。

动态评估，科学决策。12月10日，生态环境质量评估和深化水污染防治规划工作全面展开。

集中中国环境科学研究院、中国环境监测总站的40多名科技人员，并邀请中国水产科学研究院、中科院生态环境研究中心、水利部松辽委、清华大学、南开大学、中国城市规划设计院、中国水力科学研究院、华南环科所、南京环科所、哈尔滨工业大学等部门和单位的科研人员一道,确定了《松花江重大污染事件的生态环境影响评估与修复技术方案》。决定由张力军副局长坐镇黑龙江,重点开展"污染事件对松花江经济鱼类食用安全性影响"、"沿江两岸用水安全性"、"污染事件对农产品(含水产品)质量的影响"、"污染事件特征污染物对人体健康风险性"、"特征污染物在水体层中的分布与影响评估"、"主要污染河段底质生态环境修复技术"、"污染事件的生态损失"等15个方面的评估与研究。尽快为群众生产生活和沿江两岸的经济发展预测风险、作出评价、提出修复措施,为各级政府实施风险管理、危机管理提供决策依据和对策建议,并将评价与评价结果、风险程度与修复办法等情况和技术知识,以通俗化、形象化、科普化的形式,向全社会进行深入宣传,力求做到家喻户晓,有效消除群众疑虑。

与此同时,为防止类似污染事件发生,环保总局及时召开了"进一步加强环境监督管理,严防发生污染事故电视电话会议",组织开展全国环境安全大检查,派出五个督察组分赴十个省市进行督察、督办,共排查全国环境安全隐患两万多起。

12月10日,环保总局向国务院领导作了第二次关于松花江污染防控工作进展情况的报告。

12月23日，环保总局收到外交部转来的俄罗斯哈巴罗夫斯克边疆区主席伊沙耶夫就松花江水污染问题致吴邦国委员长的信，针对信中提出的问题向国务院领导作了第三次报告。在报告中，涉及松花江水污染已采取的主要措施时，写道："污染事件发生后，迅速启动《国家突发环境事件应急预案》，指导和协助吉林、黑龙江两省政府落实应急措施。12月3日晚国务委员华建敏到环保总局召开现场办公会后，进一步完善应急工作机制，密切监控污染带推进情况和沿江两岸饮用水水质，确保沿江群众饮用水安全。环保总局继续坚持每天两次向中央主流媒体和俄方通报松花江水污染情况，通过外交部多次向俄方提供相关信息，邀请俄方代表团、新闻团和联合国环境规划署调查组现场采访考察。向俄方派出联合工作组，提供分析仪器和活性炭，在抚远水道筑坝、导流、防护哈巴罗夫斯克饮水区，签署并执行《中俄关于松花江水污染事故水质应急联合监测方案》，释疑解惑，最大限度地减少对俄罗斯的影响。同时，加快实施松花江重大污染事件的生态环境影响与对策重大项目，制定来年春天江面解冻时的水质监测方案，编制松花江污染防治规划，努力做好水污染事件的善后处理工作。"

12 月 31 日，国家环保总局向吉林、黑龙江两省环保局发出《关于加强冰封枯水期松花江水污染防控工作的通知》，要求两省环保系统加强领导，提高认识，切实把加强冰封枯水期污染防控工作作为当前环保部门的首要任务之一，加强环境监管，严密防范措施，防止水污染反弹，切实保障城乡人畜饮水安全，并加强环境监测工作。对于以松花江干流事故点、下游沿江以及浅层地下水为饮用水源的城乡水质进行监测和分析，在污染带通过两周后加强对居民饮水、养殖安全的指导和宣传，认真做好松花江水污染事件的善后工作。

集合群智，启动规划。为了更好地巩固松花江水污染防控成果，从长远考虑松花江的治理，要求松花江水污染防治规划编制工作组加大工作力度，加快工作进程，主动与有关方面协调，积极组织社会资源，广泛听取意见，采取有效措施，尽快完成规划的编制工作，国家争取将松花江与"三河三湖"一样，列为流域水污染治理的重点。

2006 年 1 月 6 日—7 日，为制定好松花江水污染防治规划，由环保总局牵头，在哈尔滨召开了松花江流域水污染防治"十一五"规划征求意见会，进一步征求有关部门、地方和专家们的意见。沿江三省（区）、市政府领导和有关部门，国家有关部委及专家等 100 余人参加了会议，形成了广泛共识。

2006 年 1 月 8 日，松花江水污染防治"十一五"规划编制工作基本完成。调整后的规划有四个明显的特点：一是把松花江水污染治理放在与"三河三湖"同等重要的地位，纳入全国流域水污染治理的重点，持之以恒，抓出成效；二是坚持以人为本，把让群众喝上放心水作为工作的重点；三是把环境监测体系和执法能力建设列入议事日程；四是明确责任，实行规划到省、任务到省、目标到省、资金到省、责任到省的"五到省"责任制。

1 月 16 日，环保总局向国务院领导作了第四次关于松花江水污染防控工作进展情况的报告。

1 月 17 日，松花江水污染事件历时 65 天，防控工作取得阶段性成效。此时已近春节，环保总局宣传部门抓紧设计印制一批宣传年画，通过这种方式给沿江两岸的人民一个交代，让他们过一个放心年。

1 月 24 日，国务院召开了新闻发布会。在新闻发布会上，向新闻媒体通报了"三步走"的战略部署，通报了松花江水污染生态环境影响评估取得的阶段性成果并就全面推进松花江水污染治理工作提出具体方案。发布会上，还就广大群众所关心的饮用水、灌溉、养鱼、会不会形成第二次污染等问题回答了各方面的提问，消除了国内外的疑虑。

至此，在各界的鼎力支持下，通过环保系统广大同志的共同努力，松花江水污染事件的处理终于取得了圆满成功。环保人不辱使命，对得起党和人民！

凝聚生成：无价精神，宝贵财富

回顾这次难忘的战斗历程，松花江水污染防控工作取得胜利，是党中央、国务院高度重视、正确领导的结果，是全国有关部门和单位团结协作、密切配合的结果，是广大环保工作者，特别是一线人员吃苦耐劳、艰苦奋战、连续作战的结果。

在我国革命战争时期，党和人民创造了伟大的井冈山精神、长征精神、延安精神；在社会主义建设时期，创造了"两弹一星"精神；在改革开放的壮丽进程中，创造了抗洪精神、抗击非典精神、载人航天精神，激励着中国人民取得了一个又一个伟大胜利。而在奋战松花江的60多个日日夜夜里，环保人也用自己的智慧和勇气为伟大的中华民族增添了一笔新的宝贵财富——中国环保精神。这就是：忠于职守、造福人民，科学严谨、求实创新，不畏艰难、无私奉献，团结协作、众志成城。

根据历史唯物主义的观点，探寻一种精神现象的本质，不能单从事物本身去解释，而必须到产生这一精神现象的历史事件和实践活动中去探索。因而要寻找中国环保精神产生、发展的轨迹，深刻理解环保精神的实质，就必须切身感受松花江水污染防控的战斗场面。

中国环保人在天寒地冻的恶劣环境中，面对生死、面对危难，义无反顾地承担起肩负的神圣使命，舍生忘死地投入到一线工作中去。共同的目标把中国环保人的心紧紧地凝聚到拼搏奉献的防控前线中。

崇高使命焕发了环保人忠于职守、造福人民的精神。中国的环保事业，经过几代人的辛勤努力和付出，不断发展壮大，为国家经济社会发展和维护人民群众利益作出了积极贡献，为今天的环保大厦奠定了坚实基础。在新的形势下，环境保护更加事关国计民生，已经成为全面建设小康社会、加快推进社会主义现代化建设的重要组成部分。环境保护责任重大、使命光荣。松花江重大水环境污染事件，是我国历史上波及面最广、影响范围最大、社会反响最强烈的一次环境事件。全国关注，国际舆论关注，更揪紧了全国环保战线广大干部职工的心。面对历史的考验，人民的重托，各级领导干部辗转上千公里，现场指挥这场罕见的污染防控战役；专家、科研人员、基层环保卫士，义无反顾奔赴最前线，奋战在白雪皑皑、寒风刺骨的松花江上，在这个没有硝烟的战场上接受考验，为最终战胜污染奠定了坚实的科学基础，以实际行动谱写了一曲激动人心的环保赞歌。弘扬中国环保精神，就是要学习他们对党和人民高度负责的精神，视责任重于泰山，视使命高于一切，为国分忧、为民解难、为民造福的可贵精神。

严峻挑战铸造了环保人科学严谨、求实创新的精神。松花江水污染事件的严重性突出表现在：受害流域长，贯通整个松花江；受害地域广，直接影响两国、沿岸大中城市；受害时间长，由于江面已进入封冰期，至来年春季解冻时仍可能会有影响；受害程度重，临江而设的企业、渔业生产、沿江人畜饮水都可能受到影响。面对严峻的形势，如何保障两岸几百万人民的饮水安全，如何减少对当地生态环境的影响，如何让松花江主要污染物浓度下降，如何以扎实有效的工作取信邻国和国际社会，这些严峻的挑战摆在了环保工作者面前。各级党委政府和环保部门坚持科学求实精神，坚持求真务实作风，沉着应战，有序工作，科学防控，依靠群众，共同应对各种复杂局面。及时、准确、有效地监测和预测为中央决策提供了第一手信息；与俄方专家积极协作，开展联合监测和分析，与有关国际组织合作并及时向国际社会发布信息，展示了我国负责任大国的形象；科学指导各地严格控制污染物排放，重点保护好饮用水源地，制定实施科学的用水方案，为社会稳定和群众饮用水安全提供了坚实的技术保障，取得了应对松花江重大水污染防控工作的决定性胜利，为实现"三步走"的战略目标奠定了重要基础。弘扬中国环保精神，就是要学习他们面对困难和挑战，不畏艰险、知难而进、刻苦钻研、严细慎实、勇于创新、一往无前、敢于胜利的崇高品质。

艰苦条件锤炼了环保人不畏艰难、无私奉献的精神。在保卫松花江这条东北人民母亲河的战斗中，涌现出许多感天动地的传奇事迹。有年轻的母亲，放下嗷嗷待哺的婴儿，全身心奋战在松花江污染监测和科研现场；有享受国务院政府津贴的高级工程师，放弃出国与亲人团聚的机会，坚守在第一线；有刚参加工作的大学生，主动请缨到条件最艰苦的地方接受锻炼；有连续几个昼夜忘我工作，坚守岗位，直到累倒在病床上的基层干部。鲜红的党徽在佳木斯市环保局每一位党员的胸前闪亮，局长葛凤岭说："胸前的党徽，提醒着肩上的责任。虽然很苦很累，但心里是甜的。"中国环境科学研究院化学品生态效应与风险评估重点实验室首席研究员刘征涛在前方说："在和时间赛跑，和污染带赛跑，一刻也不敢耽误"。这就是环保工作者的党性和作风。风雪千里的松花江，洒下了环保工作者辛勤的汗水，留下了环保工作者英勇奋斗的足迹，同时也见证了他们克服困难，付出极大牺牲的奉献精神。弘扬中国环保精神，就是要学习他们为了祖国和人民的利益，舍小家顾大家，以奉献为本，以大局为重，以苦为乐，以苦为荣，关键时刻站得出来，危急关头豁得出去的英雄气概。

联手治污培育了环保人团结协作、众志成城的精神。集结防控的号角一吹响，总局机关，中国环境监测总站，中国环境科学研究院，南京、华南环境科学研究所以及有关院校和研究机构，黑龙江、吉林、辽宁、河北、河南、山东、天津、上海、江苏、广东、浙江等11 个省市环保部门的干部和专家、监测和科研人员共300 多名环保工作者齐聚黑龙江，谱写了联合抗污的壮丽篇章。黑龙江省环保局全力以赴，卓有成效地组织实施各项工作，发挥了重要作用。有关科研院所和 11 个省市环保局的干部专家，自觉服从全局利益，以忘我的精神默默付出。总局前方工作组的同志克服困难，任劳任怨，坚持工作在第一线；后方的同志们夜以继日，勤奋工作，表现了良好的工作作风和精神状态。大家为了一个共同的目标，凝聚在一起、战斗在一起，识大体、顾大局，密切配合、通力协作，形成了强大合力。弘扬中国环保精神，就是要学习他们不计名利得失，不论前方后方，淡泊名利、甘于奉献、团结一心、共创业绩的大局意识。

这笔精神财富弥足珍贵,她是时代的象征,是思想的精髓,是事业的旗帜。这种精神的形成,需要经过长期的培养和熏陶,需要经过深刻的挖掘和提炼,更需要特定事件的激发和彰显。这种精神充分反映了环保工作者的思想理念、价值取向和精神追求,是激励全体环保人奋发进取的强大精神力量。

松花江水污染防控的战士们,历时60多个日日夜夜,经过艰苦奋战,没有辜负温总理"决不让一个人喝不上水,也决不让一个人喝上污水"的谆谆嘱托,不愧是特别能吃苦、特别能战斗、特别能奉献的环保人,不愧是新时期最可爱的人!他们的先进事迹,必将载入中国环保事业的光辉史册,人民也会永远铭记这段难忘的历史。

深度思考:教训沉痛,机遇重大

松花江水污染事件得到了妥善处理和解决,防控战役检验和锻炼了环保队伍。然而,压力却自始至终没有丝毫减轻。松花江水污染事件给国家造成了巨大损失,给人民群众带来了很大危害。它为什么会发生?可不可以防止它的发生?如果工作做得不到位,会不会再度发生？在吉林发生的事情，在松花江发生的事情，有没有可能在别的省份、别的流域发生？这一次发生了水污染事件，下一次可不可能还有别的污染事件发生？这一系列问题久久萦绕于心，难以释怀。

松花江事件的忧思

对危机的认识和应对方式体现着人们的智慧。人们往往对潜在的危机心存侥幸，而对现实的危机又心存恐惧。事实证明，在处理危机的过程中，方向正确，行动迅速，就会扭转态势；方向错误，反应迟缓，就可能接受惩罚。无论是过去还是现在，科学家凭借丰富的专业知识和坚韧不拔的探索精神，从不同的角度和层面揭示了环境变化和危机的存在，并昭示人们必须改变思维和发展方式，才能有效应对危机。是沿着经典的发展道路继续走下去，直至预言的灾难变为现实，还是改弦易辙，选择正确的思维和发展方式，逐步缓解并最终消除危机。我们再次站在了发展的转折点上。

2006年1月4日，国务院新闻办公室就松花江事件水污染生态环境影响评估及防控进展情况举行了新闻发布会，我代表环保总局全面介绍了松花江事件进展情况，并接受了中外记者的提问。新闻发布会上，中外媒体对事件关注的程度和了解的深度，给我留下了深刻印象。记者提出的问题远远超出了事件本身，从更宽阔的领域和更敏感的视角，将问题引向了中国经济社会发展的深层。

[凤凰卫视记者] 您刚刚提到生态环境的研究评估已经取得了阶段性的成果，我的问题是：到目前为止，您掌握的情况，中国境内沿江沿河设立的大型化工厂有多少？未来怎么防止类似松花江水污染事件的发生？

[周生贤] 你提的这个问题很重要，我想因为时间的关系，我简单地给你做一个回答。

松花江水污染事件发生以后，引起了社会各界对沿江沿河化工企业的关注。国家环境保护总局根据国务院的统一要求和安排，在元旦前后的一段时间，集中在全国进行了拉网式的排查。根据排查的情况得知，我国大体上现有化工企业 21000 多家，其中很大一部分沿长江、黄河分布。所以这种布局一旦发生问题，后果不堪设想。

[美国合众国际社记者] 您是否可以估计一下，清理整个污染所需要的成本是多少？在处理抚远水道对环境方面的影响等问题上，您将采取哪些积极对策？

[周生贤] 关于松花江水污染，特别是你提到抚远周边的一些湿地问题，我到现场的湿地勘察过，有很深刻的印象。这个问题非常复杂，我初步考虑治理生态的代

价是很大的。目前从两个方面着手进行工作:第一,通过调整松花江总体治理规划这一个渠道来重视这个地方的生态恢复,特别是保护湿地的问题。第二,通过第二阶段的环境评估项目,进一步论证这个地方的生态怎么修复,以及需要付出多大的成本,等第二阶段结束的时候,会通过多种形式来回答这个问题。谢谢!

[布伦伯格记者] 您刚才介绍的是在中国的长江和黄河的沿岸地区分布了大量的化工厂,但是它们的存在已经是一个长期的问题了,而且它们也缺少一些污染控制措施。我的问题是:为什么到现在才开始进行排查,而不是在很久以前就开始这项工作?我的第二个问题是关于一些区域的赔偿和费用的问题,在您估计的治理成本中是不是有医疗费用,公共健康因为污染问题而产生的费用?第三个问题,中国的环境部门尤其是中央,是不是对环境方面的一些破坏,对经济发展所造成的影响有哪些看法和建议?

[周生贤] 你提的这三个问题,都挺大。第一,关于长江、黄河沿岸的化工企业到现在才开始治理,我想这个问题很简单,任何事情都有一个过程。中国有中国的特色,中国在发展过程中也走了与其他国家有的方面相同、有的方面不同的历史过程。在新中国成立初期,在很大程度上以牺牲环境为代价来换取了经济的增长。到

现在这个时期，是采取优化环境的方式来促进经济的增长。因此，加强对这些企业的监控和治理是理所当然的。

第二，关于健康风险评估的问题以及这方面的成本问题，我在前面通报的时候已经讲到了，列入了一个长期研究的课题。对不起，今天我还不能非常准确地告诉你。

你提的第三个问题，我也很感兴趣，我首先感谢你对中国环境保护工作的关心。在这个问题上，我想多说几句，也起一个宣传的作用，机会难得嘛。

随着经济的发展和社会的进步，中国政府对中国环境状况以及加强环境保护工作的指导思想作了一些必要的调整，果断结束了过去那种先破坏后治理、先污染再治理的老路，重新确定了"全面推进、重点突破"的工作思路。这个思路的中心内容集中体现在前不久国务院发出的关于加强环境保护工作的决定里面，其核心内容是根据中国当前环境状况的实际情况，确定在当前或今后着重从七个方面加强环境保护工作，切实解决目前突出的环境问题。这七个方面是水污染、空气污染、土壤污染等。这七个方面的重中之重是污染问题，而解决污染问题的首要任务是解决群众饮水安全的问题，这就是最近发出的加强环境保护决定的核心内容。我相信通过认真贯彻这个决定，中国的环境状况会在原来的基础上有一个新的改观。

[新加坡《海峡时报》记者] 您刚才在发言中提到了要更关注水污染的防治工作，这里面是不是有一些立法的工作，比如对违法企业进行刑事上和资金上的处罚？

[周生贤] 中国是一个法治国家，所以对于各个企业的各种违法活动，将遵照有关的法律法规认真地进行治理，切实抓出成效。

记者会后，中外记者关注的几个重要问题深深印入我的脑海，使我不得不进行深入思考，寻求破解中国环境难题的出路。松花江事件带有偶然性，可以将其视为突发事件。但是，从我国面临的严峻环境形势，从潜在的各种危机以及从发展方式展开思维，就会对独立、突发事件的判断产生质疑，甚至在赢得了防控松花江水污染事件胜利后，联想到的首先是在哪里正潜伏着另一个松花江水污染事件！我们必须正视，经济高速增长带来的环境危机并没有缓解；必须正视，21000多家化工企业中，还有很大一部分沿长江、黄河分布；必须正视，我国环境保护基础差，法律、制度还不完善的基本事实。环境保护工作任重道远。

被动之中有优势

被动与优势，看起来不对应的概念中蕴涵着深刻的哲理。被动对应于主动，劣势对应于优势，被动固然处于暂时的不利地位。但是，正是由于处于被动，使人们能够更加理智地判断形势，更加审慎地选择前进方向，更能激发出强烈的改变愿望。被动优势就是在被动状态下冷静思考、准确判断、集中力量，创造性地转化为主动的各种要素的有效集合，是内在愿望与外在条件结合升华为改变不利地位的积极力量。

毛主席在军事名著《论持久战》中有这样一段话：战争力量的优劣本身，固然是决定主动或被动的客观基础，但还不是主动或被动的现实事物，必待经过斗争，经过主观能力的竞赛，方才出现事实上的主动或被动。在斗争中，经过主观指导的正确或错误，可以化劣势为优势，化被动为主动；也可以化优势为劣势，化主动为被动。

环保不亚于一场战争，是同污染、同不利于环境保护的种种事物的战争。尤其是在今天，污染处于主动而防控陷于被动，不利因素暂居上风。一时处于被动并不可怕，没必要自乱阵脚，专注于一城一地的得失，而是要看发展态势，看最终的结果。关键在于怎样适时和及时地把握全局，瞄准战机，调整部署，充分发挥主观能动性，化被动为主动，变劣势为优势，集中力量逐个击破，最终取得全面胜利。

从事物发展的客观规律来看，任何事物都是在不断发展变化中波浪式前进，螺旋式上升的。历史的车轮永远不会停止。环保工作也始终是要向前推进的，一时一事的成败，可能会对发展有所影响和制约，但是从长远来看，发展和进步是必然的，是不以人们的意志为转移的。当前，污染减排数字虽没有达标，但必须看到，开局之年，在科学发展观指引下，在实现经济又好又快发展的进程中，污染排放并没有跟以往一样呈现同步增长趋势。数据显示，污染排放增长趋势已经明显减缓，并开始掉转方向，环境保护工作也开始逐步由被动向主动转化。

被动局面使人清醒、让人警醒、发人深省。陷入被动，面临不足，能让人时刻保持清醒，对自身、对事物保持客观评价和理性认识，焕发出高度的责任感和使命感，增强对事业认真负责的精神。被动局面能激发人的斗志，充分调动人的主观能动性。当前，环保工作陷于被动，压力肯定很大，但这是正常的。在这样的压力之下，斗志能得以激发，主观能动性会被充分调动，会拿出十倍百倍的干劲朝着目标发起进攻，无论是在思路上、部署上、还是落实上，能够取得更大的突破和进展。

被动局面能引起更为广泛的关注，能得到更多的支持和帮助。温家宝总理在 2007 年《政府工作报告》中强调，要把节能降耗、保护环境作为转变经济增长方式的突破口和重要抓手，作为 2007 年政府着力做好的几项工作之一。要坚定不移地实现两个约束性指标，努力建设资源节约型和环境友好型社会。这也再次表明国家对于保护环境的决心和政策都在大力、持续提升中，环境保护已成为国家意志，新型的环境保护与经济发展的关系正在形成，保护环境优化经济增长已经成为国家宏观调控的重要手段之一。

污染减排是对发展负责，是对党和人民负责，是对国家负责，这不是环保部门一家的工作，单靠一家的力量来完成这个复杂的工程也是不可能的。在目前的被动局面下，污染减排工作已经引起更多层面的关注，更多的主动因素、积极因素将被调动参与到行动中来。这对环保事业来说，是件好事。环境保护工作不是为面子，也不是为位子，环保工作的最终目的就是完成党和人民交给的任务。环保工作不管谁来做，都会受到欢迎。

被动在带来压力的同时，也将带来一系列历史机遇，促进国家出台一系列环境政策和保护措施，从各个方面强化环保工作。

被动中蕴涵的优势能否转变为现实的主动，关键是看能否抓住机遇顺势而"化"。"化"充满着智慧和艺术，借势而化，顺势而为，就是抓住重大机遇，将外在因素和内在因素通过推进中国的环境保护事业历史性转变凝聚在一起，朝着社会发展产生的新需求指引的方向发展。中国的环保事业可以描述为：空间维度上，矛盾重重，艰难前行；时间维度上，充满机遇，前途光明。

要拓展视野看环保

科学发展观将环境安全作为国家安全的重要内容，国家环境安全与军事、政治和经济安全具有同等重要性和地位。环境安全事关全局，影响重大。环境安全需要预见和超前努力。国家环境安全与其他方面安全的区别主要体现在：一是影响更广。"覆巢无完卵"，一旦一个国家的环境遭到破坏，影响的是整个国家和全民族。二是后果更加严重。一旦破坏超过"临界值"，自然的报复往往不给人类机会，让后来者没有纠正错误、"重新选择"的余地。三是环境安全的"效益"和生态危机或治理生态危机的"成本"会在"代际"转移，代价高昂。四是国家环境安全与一般民众的联系更广，民众的参与程度更高、更直接。

今天，一国的环境安全问题往往会上升为国家间的环境纠纷，这是一个必须引起高度关注的问题。环境问题已成为国家外交、安全、军事部门不得不认真考虑和对待的和平、安全问题。目前，我国对于这个问题的研究还比较薄弱，重大环境问题衍生的发展问题、环境与社会进步、环境问题的国际影响等，都需要加强研究，要通过环境安全政策和规划，将环境安全工作法定化、制度化。

国家环境安全机制的关键是应急反应机制的建设，是应对国内、国际环境问题的必然的扩充和保障。要研究制定环境安全的预警机制，研究发生环境安全危害的各种可能性，做到事先介入、事先建立；制定环境安全问题的处理机制。当环境污染发生后，各级政府机关、企事业单位、社会组织要在最短时间内作出反应，将造成的影响和损失降至最低；对各种资源进行有效管理和使用，作出不同级别的预防措施；建立跨部门的、专门的对重大区域环境问题应急调查和预警指挥系统。

加强国家环境安全的引导，是在当前信息化高度发达时代的一项重要工作。要大力宣传环境安全的内涵、特点、迫切性以及未来国家环境安全形势，积极开展警示教育，将当前与今后环境问题严重性告知公众，让广大群众有心理准备并加以重视。在环境问题上取得广泛共识，为解决环境问题提供社会和认识基础。处置国内的环境安全问题必须要在维护人民群众利益的原则下，妥善处理好区域、部门之间的关系。这就需要在处置环境安全问题时采取分工合作，高效运转的原则。特别是在污染事件发生后，各部门、单位之间需要加强协调合作。

针对发生的环境污染问题，要抓住重点的关键问题和环节去解决，不能盲目和不顾重点地全部都抓。要按照轻重缓急，突出重点，统筹谋划的要求，做好工作进度安排和力量调配，既要重点突破，又要全面推进。一定要抓住关键，扎实推进，要认真组织好各项防治工程，切实保障群众环境权益。同时，也要高度重视信息发布、环境影响评价、生态修复研究等工作，确保各项工作均衡发展。

中国正处在一次现代化与生态现代化交织的发展过程中，一次现代化目标尚未实现，新型现代化选择又迫临面前。中国不能也不必按照经典道路推进现代化过程，必须加速生态现代化的步伐，用生态现代化思维修正一次现代化，并积极推进生态文明。中国国情和现代化的特殊性，决定了必须充分重视环境并加快生态现代化建设的步伐。

中国发展正进入一个关键的历史阶段。一方面，经济建设不断取得新成就，综合国力显著增强，社会繁荣昌盛，往往使人们忽视正在逼近的环境风险；另一方面，经济社会赖以持续发展的资源环境基础明显削弱，国家环境安全正在受到严重威胁。今后一个相当长的时期内，我们将处在环境保护与经济发展矛盾激烈碰撞，各种利益相互交织的过程中，两难选择无处不在。处理好环境与经济的关系，是一项长期而艰巨的任务。如果不能从现在起切实将环境保护与经济发展放在同等重要的位置，就可能犯历史性的错误，不仅会葬送已经取得的发展成果，而且会给后代留下更加沉重的包袱。

第二章

面对前所未有的挑战

——认清中国严峻的环境形势

> 人们常被自己的能动作用和很快得到的利益冲昏头脑，他们并不了解，为了当前的利益却要在未来付出重大的代价。
>
> ——奥雷利奥·佩西

别人走过的路，付出的沉痛代价，获得的宝贵经验，如果尚不足以让我们产生扭转发展方式的力量和勇气的话，那就意味着还在积累力量，同时也在积累风险。在真正懂得发展的意义并付诸行动之前，看看历史或许能够让我们清醒，让我们勇敢地面对现实，采取更加积极的行动。

历史教训不久远

近代世界经济的发展史也是一部人类环境保护的教训史。始于18世纪中叶的西方工业革命极大地推动了经济技术的发展和生产力的提高，在创造出无与伦比的巨大财富的同时，也给人类的生存环境带来了深重的灾难。20世纪30年代到60年代间，震惊世界的环境污染事件频繁发生，出现了世界范围内第一次环境问题高潮，其中最严重的八起污染事件，被称之为"八大公害"。

比利时马斯河谷烟雾事件。1930年12月，比利时马斯河谷工业区排放的工业废气（主要是二氧化硫）和粉尘对人体健康造成了综合影响，在一周内引起几千人发病，致使近60人死亡，市民中心脏病、肺病患者的死亡率增高。

美国洛杉矶烟雾事件。1944年，美国洛杉矶市大量汽车废气产生的光化学烟雾造成大多数居民患上眼睛红肿、喉炎、呼吸道疾患恶化等病症。1955年，洛杉矶光化学烟雾引起的呼吸系统衰竭死亡人数达到400多人。

美国多诺拉烟雾事件。1948年10月，美国宾夕法尼亚州多诺拉镇中二氧化硫因综合作用产生酸雾，四天内致使 17 人死亡。

英国伦敦烟雾事件。1952 年 12 月，由于冬季燃煤和工业排放烟雾，伦敦上空连续四五天烟雾弥漫，大气污染物在四天内致使 4000 多人死亡，此后两个月内，又有 8000 多人陆续丧生。

日本水俣病事件。人们由于长期大量食用熊本县水俣湾中含汞污水污染的水生动物，1953 年，造成一些人中枢神经疾患，103 名甲基汞患者死亡。

日本四日市哮喘病事件。1955 年，四日市由于石油冶炼和工业燃油产生大量废气严重污染大气，引发居民呼吸道疾患剧增。

日本爱知县米糠油事件。1968 年，爱知县多氯联苯污染物混入米糠油内，酿成有 13000 多人中毒、数十万只鸡死亡的严重污染事件。

日本富山骨痛病事件。1935—1960 年，日本富山平原地区的人们由于饮用了含镉的河水和食用了含镉的食物，引起"骨痛病"，129 名患者中死亡 117 人。

上述"公害"的发生不是孤立和偶然的，而是有着深刻的时代背景：

一是人口迅猛增加，都市化迅速加快。刚进入 20 世纪时，世界人口为 16 亿，至 1950 年增至 25 亿（经过 50 年人口约增加了九亿）；50 年代之后，1950—1968 年，仅 18 年就由 25 亿增加到 35 亿（增加了十亿）。1900 年拥有 70 万以上人口的城市，全世界有 299 座，到 1951 年迅速增加到 879 座，其中百万人口以上的大城市，约有 69 座。在许多发达国家中，有半数人口住在城市。

二是工业不断集中和扩大，能源的消耗大增。1900 年世界能源消费量还不到十亿吨煤当量，至 1950 年就猛增至 25 亿吨；到 1956 年石油的消费量也猛增至六亿吨，在能源中所占的比重加大，又增加了新污染。大工业的迅速发展逐渐形成大的工业地带，而当时人们的环境意识还很薄弱，第一次环境问题高潮出现是必然的。

在当时的工业发达国家，因环境污染的严重程度，直接威胁到人们的生命和安全，成为重大的社会问题，激起了广大民众的不满，并且影响了经济的发展。

醒世之作三本书

付出了沉重的代价，人类开始了宝贵的觉醒。《寂静的春天》《增长的极限》《只有一个地球》这三本书所记述的内容正是这种觉醒的集中反映，不但为环境保护事业拉开了帷幕，也为发展模式的改变奠定了基础。

美国生物学家卡逊在 1962 年出版了《寂静的春天》。书从"明天的寓言"开篇，描绘了美国中部一个城镇的景象。书中写道："春天，繁花像白色的云朵点缀在绿色的原野上；秋天，透过松林的屏风，橡树、枫树和白桦闪射出火焰般的彩色光辉……即使在冬天，道路两旁也是美丽的地方，那儿有无数的小鸟飞来……这些洁净而又清凉的小溪从山中流出，形成了绿荫掩映的生活着鳟鱼的池塘。"随着居民的到来，"一种奇怪的寂静笼罩了这个地方"，"鸟儿都到哪儿去了呢?""在一些地方仅能见到的几只鸟儿气息奄奄，它们战栗得很厉害，飞不起来"。"曾经是多么吸引人的小路的两旁，现在排列着仿佛火灾浩劫后的焦黄的、枯萎的植物。被生命抛弃的地方只有寂静一片，甚至小溪也失去了生命；钓鱼的人不再来访问它，因为所有的鱼已经死亡。被生命抛弃了的这些地方只有寂静"，造成这种状况的"不是魔法，也不是敌人的活动使这受损害的世界的生命无法复生，而是人类自己使自己受害"。上面提到的城镇是虚构的，但正如作者所言："在美国和世界其他地方可以很容易地找到上千个这种城镇的翻版"。该书揭露了美国农业、商业为追求利润而滥用农药的事实，对美国不分青红皂白地滥用杀虫剂而造成生物及人体受害的情况进行了抨击。书中指出：人类一方面在创造高度文明，另一方面又在毁灭自己的文明，环境问题如不解决，人类将"生活在幸福的坟墓之中"。当时的美国总统肯尼迪在一份报告里明确地支持了她的见解。国际上许多人认为，这是一个新的生态学时代的开始。

《寂静的春天》一问世，就遭到了工业界尤其是化学工业界的猛烈抨击，甚至连《时代周刊》这样的美国主流媒体也加入到攻击的阵营中。当时，卡逊的声音虽然有点儿微弱和孤独，但她却唤起了很多人的觉醒。仅仅经过了短短的八年时间，1970年4月22日，从美国的西海岸到东海岸，有2000多万人走上街头，高举着受污染的地球模型和巨幅招贴画，高呼"保护人类生存环境"等口号，将反污染运动推向高潮。后来这一天被联合国定为世界地球日。

1972年，来自世界各国的几十位科学家、教育家和经济学家提交了一份名为《增长的极限》的研究报告。报告认为，世界人口增长、粮食生产、工业发展、资源消耗和环境污染这五项基本因素的运行方式呈指数增长，如果人口和资本的快速增长模式继续下去，地球的支撑力将会达到极限，经济增长将发生不可控制的衰退，世界将会面临一场"灾难性的崩溃"，最好的解决之道就是限制增长，即"零增长"。《增长的极限》一书一度成为当时环境运动的理论基础，有力地促进了全球环境运动的开展。

同年，受斯德哥尔摩联合国第一次人类环境会议秘书长莫里斯·斯特朗委托，经济学家芭芭拉·沃德与生物学家勒内·杜博斯撰写了《只有一个地球——对一个小小行星的关怀和维护》。书中写道："当前大多数的环境问题，都是来自人类对生态的错误行动。通常认为人类不是地球上的寄居者，而是地球的主人。把征服客观世界看做人类的进步，这就意味着常因我们的错误认识而破坏了自然界。尽管作为物种之一的人类，在破坏和污染了自然界之后仍能生存下来，但是在这样污秽的环境里，人类还能长期保持他的尊严吗？""人类生活的两个世界——他所继承的生物圈和他所创造的技术圈——业已失去了平衡，正处于潜在的深刻矛盾中，而人类正好生活在这种矛盾中间，这就是面临的历史转折点。这未来的危机，较之人类任何时期所曾遇到的危机都更具有全球性、突然性、不可避免性和困惑不可知性，而且这种危机将在孩子所生活的年代形成。""近四五十年来，人们对自然界的深入了解，科学地证实了古代人们的地球道德观念是正确的"；"是一个整体的一部分，这个整体超越于局部的奢望与要求；一切生物都像交错的蜘蛛网一样相互依赖着；侵略和暴力会盲目地破坏生物的脆弱关系，从而引起毁灭和死亡。"这本书最后的结束语是："今天，如果能够对于唯一的、美丽的、脆弱的行星——地球，培育出真挚的忠心的话，在人类社会中，是有希望长期生存于丰富多彩的生活之中的。在这个太空中，只有一个地球在独自养育着全部生命体系。地球的整个体系由一个巨大的能量来赋予活力，这种能量通过最精密的调节而供给了人类。尽管地球是不易控制的、捉摸不定的，也是难以预测的，但是它最大限度地滋养着、激发着和丰富着万物。这个地球难道不是我们人世间的宝贵家园吗？难道不值得热爱吗？难道人类的全部才智、勇气和宽容不应当都倾注给它，以使它免于退化和破坏吗？难道不明白，只有这样，人类自身才能继续生存下去吗？"这份报告被视为联合国人类环境会议筹备工作的主要组成部分，也是地球伦理学的基础。

这些著作真实、客观、深刻地记录了世界快速工业化的代价、人类对地球掠夺的反思及人们对毁灭性经济发展模式的抗争，唤起了民众的觉醒，启迪着人们的探索，改变了整个人类的思想观念和生活方式。

当然，由于国情不同、发展阶段不同以及意识形态的差异给人类带来的影响不同，尽管作者的观点有偏颇之处，悲观色彩过于浓重，但《寂静的春天》最终唤起人们的觉醒，《增长的极限》再次向人们敲响了警钟，而《只有一个地球》则让人们在黑暗中看到了曙光。

付出了沉重的代价，经历了宝贵的觉醒之后的人类，对环境问题的认识日臻完善，对发展道路的反思和总结不断走向深入，并开始了奋起的飞跃。

第一次飞跃的标志是人类环境会议。1972 年 6 月 5 日至 16 日在斯德哥尔摩召开的人类环境会议，是世界各国共同探讨当代环境问题、探讨全球环境战略的第一次国际会议。这次会议从发展与维护环境的关系出发，强调如不立即着手治理环境，环境污染和生态系统损害将带来全球毁灭的后果。经过 12 天的讨论、交流，会议形成并公布了著名的《人类环境宣言》等一系列重要的世界性文件，标志着环境保护开始了一个伟大的时代。这次会议在推动全世界加强环境保护措施方面起了重要作用。继这次会议之后，西方国家开始了对环境的认真治理，世界各国都积极行动起来，"保护环境，保护地球"响彻全球。至此，世界环境保护运动形成第一次高潮。在周恩来总理的指示下，我国出席了会议。

第二次飞跃是 1992 年 6 月在巴西里约热内卢召开的"联合国环境与发展大会"，也是第二次人类环境会议。此时距第一次人类环境会议整整 20 年，世界的环境保护事业发生了很大变化，环境污染也出现了新的态势。发达国家和很多发展中国家在环境保护方面都做了大量工作。但是全球环境污染的形势仍然相当严峻，环境污染进一步加剧，人类对环境的破坏已经到了必须悬崖勒马的地步。里约环发大会就是在这种环境背景下召开的。里约会议拓展了人们对环境问题认识的广度和深度，把环境问题与经济发展紧密结合起来，深入探求它们之间的相互关系，提出实施可持续发展战略、促进环境保护与经济发展相协调的发展理念。可持续发展战略一经提出，就获得各国的普遍接受，并成为人类处理环境与发展关系的新型标准。

第三次飞跃是 2002 年 8 月在南非的约翰内斯堡召开的可持续发展世界首脑会议。会议产生了两项最终成果：《执行计划》和《政治宣言》。这是迄今在可持续发展领域召开的最大规模的国际会议。其宗旨是促进世界各国在环境与发展上采取实际行动，强调经济发展、社会进步、环境保护是可持续发展的三大支柱。

如果说第一次飞跃是在深刻反思传统发展观的情况下高举起保护环境的大旗的话，第二次飞跃则是寻找在发展中解决环境问题的正确途径；如果说第二次飞跃更加强调环境与经济的关系，更加注重代际公平的话，那么第三次飞跃则是将环境问题放到更大的背景中加以平衡，更加强调经济、社会、环境三者的关系和当代与后代的承续。

环境形势堪忧虑

我国环境保护事业起步较晚，与西方发达国家的技术和管理水平还有较大差距。经过30多年的努力，我国的环境保护工作取得了积极进展。但也必须清醒地看到，我国目前的环境形势依然十分严峻，环境问题严重制约经济发展，危害群众健康，影响社会稳定。据2006年《中国环境状况公报》提供的数据表明：

主要污染物排放总量大，环境污染严重，大大超过环境承载能力。2005年，我国的二氧化硫排放量高达2549万吨，比2000年增加了27%；化学需氧量1414万吨，比2000年减少了2%，均未完成"十五"规划中提出的总量削减10%的控制目标，沿海赤潮年发生次数比20世纪80年代增加了三倍；近1/5的城市空气污染严重；一些中小城市和农村地区污染有加重趋势；酸雨影响面积占国土面积的1/3（我国是世界三大酸雨区之一），近年有加重趋势；工业危险废物每年产生1100多万吨；城市垃圾处理率不足60%；噪声扰民相当严重。

生态恶化态势依然突出，危及生态安全。全国水土流失面积 356 万平方公里，土地沙化面积已达 174 万平方公里，虽然森林面积和蓄积量持续增长，但森林资源总量不足，林地流失依然严峻，生态功能脆弱；90%以上的天然草原退化，每年增加退化草地 200 万公顷；一些北方河流水资源开发利用率超过国际生态警戒线（30%~40%），流域生态功能严重失调；华北平原出现世界上最大的地下水位下降漏斗；有 10%~15%的高等植物物种处于濒危状态，物种资源流失严重。

环境问题影响国际形象和对外贸易。我国化学需氧量、二氧化硫、汞、消耗臭氧层物质、二氧化碳排放量均居世界前列，承诺国际义务的压力不断增加，我国的酸雨、沙尘暴、海域污染、跨界河流污染及开发、跨界野生动物保护、木材进口等问题引起国际社会的关注，为国外"中国环境威胁论"提供了借口。我国产品环境标准低，缺乏国际竞争力，出口受到很多国家绿色壁垒的限制。

水污染

虽然水污染防治工作取得了一定进展，但水环境形势依然十分严峻，老的问题还未解决，新的问题又接踵而至，主要水污染物排放总量明显超过环境容量，人民群众对水污染事件的反映和投诉越来越多。

2006 年，全国七大水系的 408 个地表水监测断面中有 26%为劣 V 类水质，基本丧失使用功能。重点流域 40%以上的断面水质没有达到治理规划的要求。流经城市的河段普遍受到污染，一些地区已经出现了"有河皆干、有水皆污"的现象，近岸海域赤潮和三峡库区支流"水华"现象接连发生。全国大、中城市浅层地下水不同程度遭受污染，约一半的城市市区地下水污染较为严重，大城市中心地带、城镇周围区，以及排污河道两侧、引污灌溉区污染尤为严重。河北平原和长江三角洲等区域，浅层地下水已呈现面状污染态势。

全国有近三亿农村人口存在饮用水不安全问题。不少地区符合标准的饮用水水源地呈缩减趋势。有的大城市没有备用水源。据调查，全国 107 个环保重点城市的 382 个地表饮用水水源地，平均水质达标率只有 72%。河流型地表水水源地主要污染指标为粪大肠菌群，湖库型地表水水源地主要污染指标为总氮，地下水饮用水水源超标组分主要有铁、锰、硝酸盐等，部分检测出微量有机污染物。

水污染事故频繁发生。我国不少化工、石化等重污染行业布局在江河沿岸，有的甚至建在饮用水水源地附近和人口密集区，很多企业建厂早、设备陈旧、管理落后、治污设施不健全；此外，化学品储运过程中也存在不少漏洞，加上防范措施跟不上，极易造成水污染事故，严重威胁水体安全。

中国目前的污染问题十分严重，尤其是水污染。近年发生的环境群体性事件中，50%以上因水而起。2007年夏连续暴发的水污染危机更是令人关注。松花江事件标志着中国进入了水污染事故高发期；2007年以来太湖、滇池、巢湖的蓝藻接连暴发，标志着中国进入了水污染密集暴发阶段。十多年来国家斥巨资治理"三河三湖"流域水污染，但治理的速度远远赶不上破坏的速度，至今这些本已改善的流域又被重新污染。这充分说明，传统工业化的增长方式已使中国资源环境到了难以承受的底线，人民群众的日常生活受到严重威胁；而传统的治理方式已不能解决积累的环境问题。在当下中国工业化与城市化飞速发展的关键时刻，水污染治理是对政府行政、宏观调控能力与社会和谐的严峻考验。

大气污染

大气污染物排放居高不下。长期以来，以煤为主的能源结构是影响我国大气环境质量的主要因素。煤炭在我国能源消费中的比例保持在70%左右，短期内难以改变。从使用方式上看，煤炭消费量的80%直接用于燃烧，火电厂燃煤量占煤炭消耗量的50%以上。燃煤是大气环境中二氧化硫、氮氧化物、烟尘的主要来源。传统的用煤方式、低水平的燃烧效率依然存在，未来相当长时间，煤烟型污染仍将是大气污染的重要特征。

"十五"期间，我国煤炭消费量增加了八亿多吨，其中火电行业增加了五亿多吨，但脱硫机组装机容量的比例只由2%增加到12%。2005年全国二氧化硫排放总量高达2549万吨，比2000年增加了27%，"十五"计划确定的削减目标没有完成。尽管酸雨污染范围基本稳定，但重酸雨区的污染程度进一步加重。降水酸度最低值由2000年的4.1下降至2004年的3.05，酸雨频率大于40%的城市比例由2000年的52%上升至2005年的63.9%。

城市大气污染问题依然突出。2005年与2000年相比，339个城市中空气质量达到二级标准的城市数量增加了22.2%，空气质量劣于三级标准的城市数量下降了24.1%。2005年监测的522个城市中，4.2%的城市达到国家环境空气质量一级标准，56.1%的城市达到二级标准，39.7%的城市处于中度或重度污染。颗粒物仍是影响我国环境空气质量的首要污染物。除燃煤外，工业粉尘、地面扬尘、建筑工地尘、土壤风蚀尘等都对空气中颗粒物浓度有较大影响，特别是可吸入颗粒物对人体健康造成的危害更大，目前大多数城市人口长期生活在可吸入颗粒物超标的环境空气中。人口超过百万的特大城市，空气中二氧化硫和颗粒物超标比例较高，空气质量达标比例偏低。

近年来，城市机动车保有量快速增加。2006 年，我国民用汽车保有量 4985 万辆，机动车尾气排放已经成为大城市空气污染的重要来源，其中氮氧化物排放量已占总量的 50%，一氧化碳占 85%。中小城市机动车保有量也将日益增加，如不及时提高机动车尾气排放标准和燃油品质，到 2015 年，城市机动车污染物排放量将比 2000 年上升一倍。

有毒有害废气污染呈蔓延之势。工业污染具有排污集中、排放量大、危害性高、易发生突发性污染事故的特点，工业生产排放的有毒有害物质严重污染了当地的大气环境，特别是一些焦化行业集中的城市，大气环境中强致癌物苯并芘超标。近年来，重化工业快速发展，结构性污染进一步突出，工业污染出现了由大中城市向小城镇和农村转移的趋势，涌现了一批工业园区，加剧了这些地方的环境质量恶化。如不高度重视，极易引发重大环境污染事件，严重影响可持续发展和社会稳定。

经济发展和能源需求与控制污染物排放总量的矛盾突出。"十一五"时期我国正处于工业化和城镇化加速发展的时期，房地产、汽车的消费需求和基础设施建设将继续带动能源和原材料工业发展，这将对环境造成巨大压力。

土壤污染

土壤污染程度加剧。一是土壤污染范围扩大。不仅部分耕地受到污染，一些城市和矿山的土壤污染问题也越来越严重。二是土壤污染类型多样。既有重金属、农药、抗生素和持久性有毒有机物等污染，又有放射性、病原菌等污染类型。三是土壤污染负荷加大。重金属和难降解有机污染物在土壤中能长期累积，致使局部地区土壤污染负荷不断加大。

土壤污染危害巨大。一是严重影响耕地质量，造成直接经济损失。由于长期过量使用肥料、农药、农膜以及污水灌溉，使污染物在土壤中大量残留，土壤理化性状恶化，肥力下降，影响作物生长，造成农作物减产和质量下降。二是严重影响食品安全，威胁人们身体健康。土壤污染造成有害物质在农作物中积累，并通过食物链进入人体，引发各种疾病，最终危害人体健康。三是影响农产品出口，降低国际竞争力。20世纪90年代以来，因农药残留和重金属含量超标，农产品出口被外方退货、索赔和终止合同的事件多次发生，部分传统大宗农产品也被迫退出国际市场。特别是我国加入世贸组织以后，发达国家对我国出口农产品要求更严，出口压力增大。四是威胁国家生态安全。严重的土壤污染，直接影响土壤生态系统的结构和功能，使生物种群结构发生改变，生物多样性减少，土壤生产力下降，最终将对生态安全构成威胁。

土壤污染防治基础薄弱。一是污染底数不清。迄今为止，尚未组织过全国性的土壤污染状况调查，全国土壤污染的面积、分布和程度不清，导致防治措施缺乏针对性。二是法律法规不健全。我国已经制定了防治水、大气、环境噪声、固体废物、放射性污染和保护海洋环境的法律，但是防治土壤污染的法律还是空白，土壤环境标准体系也未形成。三是资金投入不足。由于资金投入有限，土壤科学研究难以深入进行，土壤污染防治只能在局部地区和较小范围内开展。四是认识不到位。有相当部分的干部群众和企业界对土壤污染的严重性和危害程度缺乏认识。一些企业从自身利益出发，肆意污染土壤。部分地方政府对科学使用农药化肥重视不够、监管不力，致使土壤污染日趋严重。

由于土壤污染具有累积性、滞后性、不可逆性的特点，治理难度大、成本高、周期长，其对经济社会发展的影响将是长期性的。土壤污染问题已经成为影响群众身体健康、损害群众利益的重要因素。

固体废物污染

我国固体废物减量化、资源化、无害化水平较低。2006 年，城市垃圾清运量 1.70 亿吨，垃圾填埋场二次污染普遍，全国 47 个环保重点城市垃圾填埋场渗滤液及地下水污染物超标率分别达 71% 和 89%。对七个垃圾焚烧厂的二恶英进行抽样监测，其中四家超标。二恶英具有强致癌性、生殖毒性、免疫毒性和内分泌毒性。

2006 年，全国工业固体废物产生量为 15.15 亿吨，排放量为 1302 万吨，综合利用率为 59.6%。危险废物年产生量在 1100 多万吨，处置和利用量保持在 2/3。没有安全处置的工业危险废物产生的废气、渗滤液、淋溶水成为重要污染源，严重危害人体健康。

电子垃圾产生的高峰期已经来临。预计每年需要报废电冰箱 400 万台，电视机 500 万台。电视、电脑、手机、音响等产品，有大量有毒有害物质。例如，制造一台电脑需要 700 多种化学原料，50% 以上对人体有害。美国处理一吨电子废物的成本是 400 美元，而运到发展中国家处理只需 40 美元，美国回收的电子废物的 80% 被运到亚洲，其中一些非法流入广东、福建沿海。我国电子废弃物的回收主体依然是个体户，无序回收导致的无序利用局面未有实质性改变，废旧物资回收利用企业技术水平普遍较低，在储存、运输、拆解过程中缺乏必要的二次污染防治措施，存在污染隐患。如广东省汕头市贵屿镇依然存在上千户分散拆解利用电子废弃物的家庭作坊。与此同时，高水平的电子废弃物利用设施屈指可数，仅有的设施还面临"无米下锅"的局面，经营困难。如上海某投资上亿元人民币的电子废弃物处置利用厂，设计年处理能力10000吨。但投产半年来，处理量不过200多吨。

新问题不断产生

从2007年5月29日开始，江苏无锡市城区的大批居民家中自来水突然发生变化并有难闻的气味，无法正常饮用，起因是该市饮用水水源地遭受到严重的蓝藻污染。为应对太湖蓝藻暴发造成的供水危机，无锡市政府随后采取药剂除味、拆堰调水、调运干净水等措施，但仍不能解决无水饮用的"困局"。直到6月1日20时，从无锡市太湖蓝藻应急指挥部传出消息，蓝藻技术处理经实验后取得决定性进展，无锡市民有望在未来几天内喝上清洁的自来水。事件引起媒体关注，网上讨论竟高达14万多条。

太湖蓝藻危机刚刚落定，中国气象局国家卫星气象中心的卫星监测又发现，太湖水域中西部及北部出现大范围蓝藻，巢湖西北部也出现明显的蓝藻信息。经估算，前者范围约 800 平方公里，后者范围约 280 平方公里。两湖蓝藻的再度大面积暴发，是否预示着为环境污染付出惨重代价的时候到了？

"江苏省太湖暴发蓝藻污染"、"安徽省巢湖发现蓝藻污染"、"云南省滇池传出蓝藻污染"。太湖、巢湖、滇池先后出现蓝藻暴发，水质受到污染，无锡市民饮用水紧张，甚至出现纯净水被抢购一空的疯狂局面。

太湖污染至今，小治理而大恶化。尽管如此，大的环保转机仍然难以期待。无锡水危机映照之下的太湖，在持续污染的失声状态中走到尽头，以一次城市水荒向恶性发展摊牌。这既是一次危机，也是一次生机。但无论如何，中国环境问题的呈现方式与重视方式，都已经严重倒置。现在预言太湖的否极泰来，还为时过早。因为危机仍未解除，诸多表态仍似当下的言不由衷，待舆论冷却，危机度过，方知太湖安否。

统计显示，自 2005 年底松花江水污染事件到 2007 年 6 月 30 日，中国共发生 126 起水污染事故，平均四五天便发生一起。每年群众因为环境污染而上访的次数也快速增长。从生态角度来说，中国的环保到了最紧要的关头并非危言耸听！

发展趋势不乐观

近十年中国的资源环境问题发生了深刻的变化，并且处于多种环境问题并存的环境转型期，它对生态系统、人体健康、经济发展乃至国家安全的影响和风险都在明显加大。呈现出以下特征：

特征之一：从常规的点源污染物转向面源与点源相结合的复合污染。过去中国的污染主要表现为工业点源污染。从 20 世纪 90 年代开始，随着点源污染得到一定的控制，面源污染逐渐上升为新问题。特别是在东部地区，由于过量和不合理地使用化肥、农药，迅速发展的城郊集约化畜禽养殖业和城乡生活污水排放的增加，造成面源污染升级，目前其负荷已经超过总污染排放的一半。在城市地区，随着人均收入水平的提高，机动车数量迅速增长，汽车尾气成为目前城市大气中最难治理的面源污染物。较之点源污染，面源污染个体排放量少，但累积排放规模大，面大量广，在目前的管理体制和政策下难以控制。

特征之二：由单纯的工业污染过渡到工业和生活污染并存。工业污染尚未得到有效控制，生活污染比重又不断上升。由于生活水平提高和消费方式的改变，城乡生活垃圾和生活污水迅速增长，目前城市垃圾已经成为令各大城市头疼的难题。1999年，中国城市生活污水的排放量首次超过工业污水，二级处理率不到20%，而且随着大量化学制品用量的增加，废水成分也发生了变化，水中的化学品和营养成分增加，加大了污水处理的难度。同时，工业污染结构也发生了变化，国有企业的排放尚未得到全面控制，非国有企业的污染日益增加，后者将会成为最主要的工业污染源。

特征之三：传统污染物尚未得到全面控制，新的污染物不断增加。随着污染治理力度的加大和人均收入水平的提高，一些传统污染物尚未得到全面控制，但新的污染物不断增加，成为新的环境与健康风险，如内分泌干扰素、持久性有机污染物等。而且，中国的污染正处在转型期，其中，城市空气污染从煤烟型向煤烟型与汽车尾气混合型污染过渡，水污染从传统有机污染向有机物与以氮、磷为主的混合型污染过渡。在新的污染阶段，尚未得到控制的传统污染物和新出现的污染物并存，不仅治理技术难度更大，而且处理成本更高，管理也更加复杂。

特征之四：长距离跨界污染日趋严重。经过多年的艰苦努力，特别是实行污染物总量控制以来，影响环境质量的传统工业污染得到一定控制。但是，近年来随着工业化规模扩大和乡镇企业的迅速发展，污染影响面也逐渐扩大，跨界污染（如酸雨）和流域水污染问题（如海河、淮河、太湖等）越来越突出，并且没有得到有效控制。仅靠解决当地的污染问题已经不能改善区域环境质量。

特征之五：污染型产业由发达地区向落后地区转移的趋势明显。由于区域之间发展的不平衡，导致发达地区一些污染严重的产业向欠发达地区转移，由此造成经济欠发达地区生态环境破坏有加重的趋势，而且这一问题越来越严重。经济发达地区经历了大规模发展时期，在获得巨大的经济成果的同时，也品尝到了环境污染的苦果。伴随着产业结构调整和产业升级，普遍提出并实施了较为严格的环境政策和措施，产能落后、污染企业逐步失去了发展空间。而在经济落后地区，发展的要求和欲望依然强烈，与所处发展阶段相适应，在引进资本和产业方面表现得相当宽容。再加上政绩观的推动，使得在发达地区难以生存的高污染企业在这里找到新的机会。

特征之六：生态问题日益突出和扩大，已经影响到区域、流域的生态安全和可持续发展。在经历了1998年长江特大洪水和近两年的沙尘暴频繁发生之后，中国的生态问题特别是西部的生态退化日渐突出，土地退化、生物多样性减少、水资源短缺、森林质量下降等呈上升趋势，其严重程度、影响范围和恢复难度都使它们在环境问题中的地位越来越重要。生态问题不仅导致地区生存与发展的自然条件退化，而且出现大范围的生态失衡，加剧了贫困、灾害风险和生态危机，使经济难以持续增长并引发社会不稳定。尽管西部大开发将生态环境建设作为优先领域，但仍然存在着因措施不当引起进一步生态退化的压力和风险。此外，生物安全、外来物种入侵问题已成为生态保护的新任务。

特征之七：全球环境压力与日俱增，直接传递到政治、经济、社会等各个领域。由二氧化碳等温室气体排放引起的气候变暖问题，已经成为最重要的全球经济问题。国际上要求发展中国家特别是像中国这样的发展中大国承担减排义务的压力越来越大。由于气候变暖、生物安全、持久性有机污染物等全球环境问题涉及面广，其相应的国际履约要求各国环境管理机构具备权威性、综合性和较强的协调能力。对全球环境问题及履约问题处理的好坏直接影响到我国的国际关系、经济增长和社会进步。

特征之八：优化能源结构和解决能源环境问题是一项长期而艰巨的任务。尽管经过多年的努力，能源不再成为经济发展的"瓶颈"，但优质能源供给不足、未来煤炭的主导能源地位及其带来的能源环境问题，仍是中国长期面临的问题。目前，约85%的二氧化硫和28%的总悬浮颗粒物是由于煤炭燃烧造成的，导致城市空气质量下降和30%的国土受酸雨危害；占全球约14%的二氧化碳排放量也同能源消费有着直接关系。随着今后能源消费量的不断增长，以成本有效和环境友好的方式解决能源环境问题的任务异常艰巨。

特征之九：核安全问题日益严峻。核安全在环境安全问题中具有特殊地位。目前，我国有11台核电机组正在运行，由于我国采用的反应堆类型多样，地区条件各异，给未来的管理等带来诸多问题。一旦出现大型突发事故，不仅对中国，而且对全球核电工业都将是灾难性的。

特征之十：环境健康问题提上议事日程，清洁的空气、卫生的饮水和食品安全越来越受到公众的关注。随着经济发展和人民生活水平的提高，环境健康风险已经逐步从"传统型"（由于发展和基础设施不足带来的不卫生饮水、疾病感染等）向"现代型"（主要是环境污染引起的健康问题）转变。有关食品污染的事件不断见诸报端，一些典型调查的数据更是触目惊心。按"人力资本法"的较低估计，目前仅室外空气污染造成的超额死亡和疾病影响引起的经济损失就约占GDP的0.6%

（WHO/UNDP，2001）。

历史告诉我们，任何大的调整或者变化往往是在付出更多的惨重代价后才能发生。为了避免我们通过努力取得的社会发展成果因环境危机而毁于一旦，从现在开始，有必要将生态安全作为经济政策的基本出发点，将环境因素有机地融入和体现到经济决策中去。一句话，只有从价值体系到技术体系，从社会机制到人的行为的变革，才有可能超越传统的工业化道路和发展模式，走可持续发展之路，从根本上建立生态安全也是生命安全的防线。

环境问题很复杂

环境问题错综复杂，涉及经济社会的方方面面，贯穿于国民经济生产与再生产的全过程。环境问题表面上是人类社会经济活动的副产品，实质是人与人、人与自然之间矛盾冲突的反映。环境问题不仅是自然问题，也是经济问题、社会问题、政治问题、技术问题和文化观念问题。这些因素相互交织、相互影响，共同构成了"世界问题复杂体"。

环境是一种客观存在，存在决定意识。环境不但决定人们的生存方式、生产方式和生活方式，也决定着人们的思维方式。科学发展观的核心是以人为本，以人为本最基本的要求就是关爱人的生命、珍视人的健康。如果经济发展了，物质生活丰富了，人却变得不健康了，这将是对现代化的讽刺，是对发展的否定。在一定条件下，发展就是燃烧。烧掉的是资源，留下的是污染，产生的是 GDP。传统的发展模式，消耗的资源多，产生的污染大，经济增长与环境保护的矛盾十分尖锐。科学发展就是消耗的资源越少越好，产生的污染越小越好，最好是"零排放"。前者是"资源节约"，后者是"环境友好"。总括起来，就是又好又快地发展。我国环境与发展的关系正在发生着重大变化，加强环境保护已经成为全面贯彻落实科学发展观的重要抓手，在保护环境中求发展应该成为全社会的追求。

经济发展是关系人类生活水平高低的问题，而环境则是事关能否生存的问题。不能停止发展消极地保护环境，那样将永远摆脱不了低水平的生活。人类社会总是要有所发现、有所发明、有所创造、有所前进，从必然王国走向自由王国，这是一个客观规律。因此，发展经济和保护环境矛盾的核心不是发展问题，而是发展方式问题。只有经济发展了，才能从根本上解决环境问题。然而，以牺牲环境为代价换取发展，即使创造出暂时的繁荣，那也是"推迟执行的灾难"，是虚假的、虚弱的，总有一天要遭到惩罚。因此，一部环境保护的历史就是一部正确处理经济增长和环境保护的关系史,离开经济发展谈环境保护就是"缘木求鱼"，不仅世界观错了，而且方法论也错了。当然，不顾环境保护的经济发展也是"无本之木"、"无源之水"，不可能长治久安。当前，我国正处于并将长期处于社会主义初级阶段，不能脱离初级阶段来搞环保，但是也决不允许以初级阶段为借口宽容污染。

人对环境质量的需求，总是随着人的生活质量不断改善而逐渐提高的。人们的生活质量不同，对环境质量的要求也不同。就好像住茅草棚的人和住高楼大厦的人，对环境的理解和追求不完全一样。在一些落后地区还处在纯自然状态的生存竞争时，城里人就开始吃饭讲营养、穿衣讲时尚。当全国大部分地区基本解决温饱，实现小康以后，继续改善人民生活，将不断扩大消费领域、优化消费结构、满足人们多样化的物质文化需求，同时对环境质量也将提出更高要求。哪里的绿化好、哪里的水干净、哪里的空气清新，人们就愿意去哪里生活。"有了小康更需要健康"。现在，人们对环境的需求远远大于可以提供的环境条件。

新中国成立初期，人们过多过分地消耗了环境，但那是不得已而为之。例如，我国原有木材蓄积量127亿立方米，新中国成立以后 50 年砍了大约 100 亿立方米，几乎把所有的森林砍了一遍。现在原始天然林已经不多了，一些所谓天然林，最多也只能算是天然次生林。林业生产为国家的原始积累作了贡献，也付出了一定的环境代价。不能苛求前人。同时，还要看到，经济不发展，也不可能积累足够的资金治理环境。一些国家的经验表明，人均 GDP 在 1000~3000 美元的阶段，政府就有条件拿钱来治理环境。按照库兹涅茨曲线理论，有的国家在人均 GDP 达到 2700 美元左右时，二氧化硫排放量开始下降。从发展阶段上看，我国已经到了治理污染、改善环境的阶段。现在，经济社会状况发生了深刻变化，消费层次发生了变化，供求关系发生了变化，资源配置方式发生了变化，经济与环境的关系也必然发生变化。目前，我国环境问题呈现出阶段性特征，发达国家上百年出现的污染问题，在我国快速发展的过程中集中出现，环境问题变得更为复杂。人们已经意识到，再不保护环境，就会影响自身的生存和发展了。正如温家宝总理所指出的那样，如果再不重视环境保护，今后治理的成本会更高，付出的代价会更大，环境将更难恢复，就可能犯难以改正的历史性错误。

经过国际社会 30 多年的共同努力，全球环境保护尽管取得了积极进展，但是各类环境问题依然相当突出。这使得环境问题成为影响国际政治经济关系的重要因素。在全球产业结构调整中，发达国家把污染严重的产业转移到发展中国家，将一些环境问题转嫁给发展中国家。同时，又通过设置绿色贸易壁垒，阻止含有毒有害物质的产品或使用过程中可能造成环境损害的产品进入本国市场，使得产业国际分工和产品国际贸易更加不平等。在国际环境履约谈判中，一些发达国家既从环境利益出发，推动国家环境履约，又受经济利益驱动，左右谈判走势，使全球环境保护的形势异常复杂。

总之，环境问题与发展问题是同一个问题。我国正处于工业化、城市化快速发展时期，环境与发展的矛盾突出，说明发展方式存在很大问题。党中央、国务院历来高度重视环境问题，特别是进入新世纪以来，我国在经济持续快速发展、人民群众生活水平不断提高的情况下，党中央、国务院采取了一系列政策措施，环保工作不断取得重要进展。同时，也要看到，面临的任务仍然十分艰巨。

心怀安危责任重

造成环境问题的原因是多方面的。既有客观条件，又有主观原因。首先是思想认识不到位。一些地方领导干部特别是基层领导干部对落实科学发展观的认识有偏差，"重经济增长，轻环境保护"现象仍然突出，"先温饱后环保"、"先污染后治理"的错误认识依然存在。二是经济增长方式仍然粗放。固定资产投资增长过快，重工业特别是高污染行业增长快，产业结构调整进展缓慢，许多应该淘汰的落后生产能力还没有退出市场，一些政策措施见效需要一个过程。三是环境法制不健全。现有环境法律法规偏软，对违法企业的处罚额度过低，环保部门缺乏强制执法权。土壤、化学品污染防治和环境监测等还存在法律空白，排污许可证、总量控制等工作的法律支持亟待加强。四是重点治污工程投入不足。以重点流域污染防治为例，按照"十五"计划要求，需要投入的治污资金还有47%没有落实，严重影响了一些重点治污项目的建设进度。"十一五"环保重点工程预计投资5830亿元，随着投资结构变化，加上多元化的社会投资机制尚不健全，给今后几年增加环保投入带来了更大的压力。五是基层环境监管能力薄弱。各级环保部门特别是基层环保部门机构不健全，人员编制少，工作条件差，经费难落实，缺少必要的执法车辆和设备，监管能力明显不足。六是环境执法监督不严。环境执法监督偏软，在一些地方执法不到位，个别执法人员知法犯法，甚至贪赃枉法。七是体制机制尚未理顺。现行双重管理体制没有发挥应有作用，一些地方政府领导甚至用"挪位子"、"摘帽子"、"打板子"等手段，直接干扰环境执法。一些地方政府一把手的环保目标责任制尚未完全落实。资源价格既不能完全反映资源的稀缺程度，又不能反映污染治理成本，对资源节约和污染减排缺乏应有的调节作用。环境管理的长效机制、监督机制、奖惩机制和公众参与机制尚不健全。

2020年，我国人口将达到14.6亿、经济总量将翻两番，按现在的资源消耗和污染控制水平，污染负荷将增加4~5倍。这个阶段特别是"十一五"期间，将是我国环境与发展矛盾最突出的时期。造纸、酿造、电力、化工、建材、冶金等行业将继续发展，控制污染和生态破坏的难度加大；以煤为主的能源结构长期存在，二氧化硫、氮氧化物、二氧化碳、烟尘、粉尘治理任务将更加艰巨；城市环境基础设施建设滞后，大量的垃圾与污水得不到安全处置，工厂搬迁后土地污染凸显，沿海地区高强度的开发加大近岸海域的环境压力；化肥农药的不合理使用、养殖业的无序发展、农村卫生设施落后、污水灌溉以及工业不断向农村转移，将加剧农业面源和农村环境污染，威胁农产品安全；电子电器废物、机动车尾气、有害建筑材料和室内装饰不当等各类新污染呈迅速上升趋势；转基因产品、新化学物质等新产品新技术将对环境和健康可能带来潜在风险，持久性有机污染物危害加重。

环境问题已经在一定程度上抵消了经济发展成果，威胁群众健康、影响社会稳定，对实现全面建设小康社会目标构成重大挑战；环境污染和生态破坏要恢复需要经过很长时间，需要投入巨大财力、物力，有的甚至无法逆转，造成难以弥补的损失，将影响经济社会的可持续发展和中华民族的长远利益。

当前，重大环境污染事件依然此起彼伏。随着经济快速发展，规模不断扩大，环境压力将越来越大，污染物的种类和数量将迅速增加，治理难度加大。造成这些重大污染的原因是多种多样的，有很多情况是历史形成的，这反映出我国经济发展中的深层次矛盾，解决它要有一个过程。

第三章

站在新的历史起点上

——中国环保的历史性转变

当务之急不是转移视线回避危险，而是要以积极和乐观的态度，勇敢地正视挑战，寻求变通发展的途径。在新的发展途径上尽早起步，才能使人类免于损失，或者说免于灾难。

——米哈伊罗·米萨诺维奇

中国共产党历来是一个善于在总结历史经验教训中推进理论创新，进而把中国革命、建设和改革事业不断推向前进的政党。在总结我国改革开放 20 多年的发展成就和经验教训的基础上，党中央提出了"坚持以人为本，全面、协调、可持续的发展"的科学发展观。科学发展，就是要实现经济社会的全面协调可持续发展。环境保护是科学发展的根本要求。发展不应以环境的污染和资源的浪费为代价，应该是可持续的，应该是节能环保的，应该是人与自然和谐的。

科学发展催生环保智慧之花

以发展的眼光来看待事物，辩证地观察和考虑问题，是分析判断事物发展规律必须掌握的哲学方法。对待环境问题，既要纵向看，又要横向看，既要从经济社会发展的全局看，又要从全球化的大背景看。要动态地看，要看主流、看发展趋势，要全面观察、科学分析、准确判断。

当前我国在发展中面临着两大矛盾：一个是不发达的经济与人们日益增长的物质文化需求的矛盾，这将是一个长期的主要矛盾，解决这个矛盾要靠发展。另一个是经济社会发展与人口资源环境压力加大的矛盾，这个矛盾现在越来越突出，解决这个矛盾要靠科学发展。我国已进入工业化、城镇化加快发展的阶段，这个阶段往往也是资源环境矛盾凸显的时期。靠过量消耗和牺牲环境维持经济增长是不可持续的。必须转变发展观念，创新发展模式，提高发展质量，把经济社会发展切实转入科学发展的轨道。

与此同时，科学发展也对新时期环境保护事业提出了新的要求。以科学发展观统领环保工作，就是要求把科学发展观的总体思想与环境保护工作的具体实践有机结合起来，把国家经济社会协调发展对环保的要求与环境保护自身统筹协调发展紧密结合起来，把环保事业的发展真正融入国民经济和社会发展的大局之中，在推进全面协调可持续发展进程中不断壮大环保事业。

以经济建设为中心是由我国社会主义初级阶段所面临的主要矛盾决定的。经济发展是社会发展和人的全面发展的基础条件。不发展经济，人民的物质和文化生活就难以得到改善，党肩负的历史使命也就无法最终完成。发展是必须的，也是紧迫的，这一点毋庸置疑。这也是党把发展作为执政兴国第一要务的根本出发点。

同时，纵观人类社会发展的历史，也可以看到，在相当长的时间里，世界经济的发展，是靠大量消耗资源、破坏环境来推动的。已经实现了工业化、现代化的西方发达国家，也普遍经历了高消耗、高污染、高浪费的历史发展阶段。这一过程代价巨大，教训深刻。他们以占世界15％的人口，消耗了全球60％的能源和50％的矿产资源，造成了严重的环境污染和生态危机。

在深刻总结20多年来改革开放和现代化建设成功经验，并充分吸取国外发展过程中的经验教训的基础上，中央提出了"坚持以人为本，树立全面、协调、可持续的发展观，促进经济社会和人的全面发展"的科学发展新理念。这是中国共产党对发展内涵、发展要义、发展本质的深化和创新，是党对社会主义市场经济条件下经济社会发展规律在认识上的重要升华，是党执政理念的一次飞跃。

科学发展观强调以人为本，以实现人的全面发展为目标，从人民群众的根本利益出发谋发展、促发展，不断满足人民群众日益增长的物质文化需要，切实保障人民群众的经济、政治和文化权益，让发展的成果惠及全体人民。全面发展，就是要以经济建设为中心，全面推进经济、政治、文化和社会建设，实现经济发展和社会全面进步。协调发展，就是要统筹城乡发展、统筹区域发展、统筹经济社会发展、统筹人与自然和谐发展、统筹国内外发展和对外开放，推进生产力和生产关系、经济基础和上层建筑相协调，推进经济、政治、文化和社会建设的各个环节、各个方面相协调。可持续发展，就是要促进人与自然的和谐，实现经济发展和人口、资源、环境协调，坚持走生产发展、生活富裕、生态良好的文明发展道路，保证一代接一代地永续发展。

马克思曾明确指出，个人的全面发展正是共产主义者所向往的。以人为本，就是以人为价值的核心和社会的本位，把人的生存和发展作为最高的价值目标，一切为了人，一切服务于人。发展作为党执政兴国的第一要务，不只是经济的量的增长，还包括经济结构的优化、科技水平的提高，更包括人民生活的改善、社会的全面进步，归根到底，是为了社会与人的全面发展。从这个意义上说，以牺牲人的健康和生命为代价的发展，是没有意义的发展。自然、环境是人类赖以生存的基础。让人民群众喝上干净的水、呼吸到清洁的空气、吃上放心的食物，在良好的环境中生产生活，是环保工作的根本出发点，是以人为本在环保领域的集中体现，也是环保工作者维护人民群众切身利益的重要抓手。

经济社会的发展是人的全面发展的前提和条件，没有经济发展，人的全面发展也就失去了基础和保障。当前阶段，发展是必须的也是紧迫的，但是发展应该是建立在全面、协调、可持续发展基础之上的。科学发展，强调的不是单纯 GDP 的增长。GDP 是目前世界上通用的重要的宏观经济指标，具有综合性强和简便易行的优点。但是，它在很大程度上反映的是规模而不是财富，不能反映经济增长的质量和结构，不能全面反映人们实际享受的社会福利水平。经济的发展是建立在优化结构、提高效益的基础上的，它不应该是以牺牲资源和环境为代价。牺牲资源和环境为代价的高速增长，只是一种短期的增长，它不但不能实现真正的繁荣，还将给经济的长远发展、整体发展带来巨大的危害。我们所需要的发展是有质量、有效益的发展，环境保护工作应该为科学发展保驾护航。这是制定环保政策、加大环保执法力度的出发点和着力点。

协调发展，从根本上说也就是要实现经济社会的和谐发展。人与自然和谐发展，是科学发展观的深刻内涵之一，也是构建社会主义和谐社会的重要特征之一。统筹人与自然和谐发展的实质，是人口适度增长、资源的永续利用和保持良好的生态环境。我国是人均资源比较少的国家，资源约束是伴随工业化、现代化全过程的大问题，工业化和城市化道路的选择，发展模式、发展战略和技术政策的选择，乃至社会生活方式的选择，都必须充分考虑资源约束和环境承载能力。从古代的屈服和崇拜自然，到产业革命以来大规模征服自然以至于破坏自然，发展到现在强调人与自然和谐，这是人类进步的标志。而和谐社会的六个基本特征，即民主法治、公平正义、诚信友爱、充满活力、安定有序、人与自然和谐相处，相互联系，相互贯通，既包括社会关系的和谐，也包括人与自然关系的和谐，体现了民主与法治的统一、公平与效率的统一、活力与秩序的统一、科学与人文的统一、人与自然的统一。如果对自然资源过度索取，对生态环境过分影响，必然导致人与自然之间关系的紧张，带来环境的污染、生态的退化，并引发人与社会、人与人之间的矛盾。近年来，环境污染已经成为社会各方面关注的问题和影响群众健康、损害群众利益的重要因素，一些地方发生的重大污染事件给我们敲响了警钟。随着人民生活水平的提高，老百姓的环境意识越来越强，对环境质量的要求越来越高。环境问题如果处理不好，就会影响经济可持续发展，影响社会稳定。构建社会主义和谐社会，必须大力加强环境保护，依法保障人民群众的利益，妥善化解环境问题带来的社会矛盾，以环境友好促进社会和谐。

科学发展观强调可持续发展，既要考虑当前发展的需要，满足当代人的基本需求，又要考虑未来发展的需要，为子孙后代着想，为中华民族的生存和长远发展着想。人类文明的发展和延续，与生态环境密切相关。生态环境的恶化不仅会破坏人们的生存条件，甚至会导致人类文明的消亡。正如恩格斯在《自然辩证法》一书中所描述的："我们不要过分陶醉于我们人类对自然界的胜利。对于每一次这样的胜利，自然界都对我们进行报复……美索不达米亚、希腊、小亚细亚以及其他各地的居民，为了得到耕地，毁灭了森林，但是他们做梦也想不到，这些地方今天竟因此而成为不毛之地。"历史的沧桑巨变，能让我们更加深刻地感受到环境对生存和发展的价值和意义。楼兰古国的消逝，曾让多少人为之感叹。我国生态环境脆弱，生态环境脆弱区占国土面积的60%以上。生态环境压力大，承载力差，中国人均资源占有量不到世界平均水平的一半，但单位 GDP 能耗、物耗大大高于世界平均水平。"有河皆干、有水皆污、土地退化、沙漠碰头"的现象已经在有些地方出现。如果再不对环境保护加以重视，不单是今后治理的成本会更高，付出的代价会更大，环境还将更难以恢复，甚至带来无法挽回的损失，可能犯下难以改正的历史性错误。保护环境，就是保护我们赖以生存的家园，就是保护中华民族发展的根基。"吃祖宗饭、断子孙路"的蠢事是不能做的。

科学发展观对新时期的环保工作提出了新的更高、更具体的要求。以科学发展观统领环保工作，要把科学发展观的总体思想与环保工作的具体实践结合起来，把国家经济社会协调发展对环境保护的要求与环境保护自身统筹发展紧密结合起来，把环保事业的发展真正融入国民经济和社会发展的大局之中，要坚持用科学发展观指导环保工作实践，确定符合中国环保工作实际的发展战略、发展目标、发展规划和发展重点。要将科学发展观贯彻于环保工作的始终，紧紧围绕党和国家工作的大局，明确环保工作的方向，结合实际，深入研究和解决转变经济增长方式、克服资源环境瓶颈制约的问题，研究该如何确保人民的生活质量，如何促进法律和政策的制定和实施，确保环保工作切实落到实处。

强调以人为本，全面、协调、可持续发展的科学发展观，处处体现着对环保工作的具体要求，彰显着环保工作的重要性、必要性和紧迫性。科学发展观的树立和落实，构建社会主义和谐社会的具体要求，以及建设资源节约型环境友好型社会的现实目标，使得环境保护工作的地位得到了前所未有的提升，环境保护事业迎来了千载难逢的历史机遇，环境保护在经济社会发展中所起到的不可替代的作用，已经成为举国上下的共识。

与此同时，伴随着经济建设取得的举世瞩目的巨大成就，一些突出的问题和矛盾也难以避免地出现了。比如，发展不够全面和协调，社会发展滞后于经济发展，中西部地区与东部地区差距较大，城乡间也存在很大差距；长期积累的结构性矛盾和粗放型增长方式尚未根本改变，能源、资源、环境、技术的瓶颈制约日益突出，实现可持续发展遭遇到空前压力。在 20 世纪 90 年代初，党中央进一步制定了快速、协调、可持续发展的方针，尤其是可持续发展战略的制定和实施，表明中央开始注意到经济发展与资源、环境和人口等的协调问题，开始关注人与自然的和谐发展问题。"九五"计划提出要实现经济增长方式从粗放型向集约型的战略转变。

"九五"到"十五"期间在经济增长方式上已经有了很大转变。然而由于多方面的原因，尤其是在各地的实践中，大家始终都是把经济增长，特别是 GDP 增长作为发展的核心，客观上对社会发展和人的重视不够。经济社会不断发展与资源环境约束加大的矛盾日益突出，不但已经开始制约经济社会的发展，而且也危害到人民生活健康，甚至影响社会稳定。

当然也应该看到，随着经济社会的发展，科技力量的进步，环境问题也在不断地发展和变化中，我们还需要不断加深和丰富对它的认识。正如温家宝总理所指出的："我们的各级领导干部，要有历史的、国际的眼光，要有全局的、战略的思维"。只有正确地认识和对待环境问题，才能明晰思路，制定出正确、科学的对策，与时俱进地做好环保工作，促进经济社会又好又快发展，实现全面建设小康社会的目标。

启动新时期环保的重大《决定》

早在 2004 年年底，科学发展观刚刚提出后不久，根据我国面临的严峻环境形势，为进一步加强环境保护工作，真正把科学发展观落到实处，曾培炎副总理就提议并报温家宝总理同意拟就环境保护工作发布一个决定。此前，国务院曾经于 1981 年发布过《关于在国民经济调整时期加强环境保护工作的决定》（国发[1981]27 号）、1984 年发布过《国务院关于环境保护工作的决定》（国发[1984]64 号）、1996 年发布过《国务院关于环境保护若干问题的决定》（国发[1996] 31 号）等文件，这些文件对于推动环保工作、促进环境保护事业的发展起到了积极作用。

在国务院《关于落实科学发展观加强环境保护的决定》（以下简称《决定》）（国发[2005]39 号）的整个起草和修改过程中，温家宝总理曾先后两次主持召开国务院常务会议对相关内容进行审议。中央政治局常委会也听取了环保工作汇报，胡锦涛等中央领导同志明确指出要痛下决心解决环境问题，重点解决好法制、机制、体制、认识和加强领导等问题，要形成文件下发以促进各级党委、政府切实加强环境保护工作。

曾培炎副总理亲自主持召开会议，对《决定》（代拟稿）进行了专题审议。在经过了大量认真调查研究、广泛听取并吸收各地方、各部门的意见和建议的基础上，反复修改，数易其稿，最终形成《决定》。国务院《关于落实科学发展观加强环境保护的决定》的发布，是落实科学发展观的重大举措，是构建社会主义和谐社会的重要保障，是党中央、国务院高度重视环境保护的战略决策，是引领环保事业发展的重要指南。《决定》的发布充分展示了党中央、国务院从容应对国内外复杂形势的执政能力，展示了改善环境质量、实现科学发展的坚定决心。

《决定》着眼于通过观念、体制、机制和制度创新解决环境问题，具有注重时效性、强调长效机制、突出可操作性、体现分类指导、明确领导体制和工作机制等特点。内容涵盖了充分认识做好环境保护工作的重要意义，用科学发展观统领环境保护工作，统筹经济、社会、环境协调发展，切实解决突出的环境问题，建立和完善环境保护的长效机制，加强对环境保护工作的领导等六个方面。

《决定》提出的目标和措施以"十一五"环保工作为主，同时也兼顾到 2020 年之前。它着重规定了环境保护需要解决的机制问题，为环保工作提供了体制、制度和政策方面的保障。在制定有关监管制度和措施时，根据环保工作的实际需要，明确了具体的实施方式，要求根据资源、环境、人口和生态功能等因素，按照优化开发、重点开发、限制开发和禁止开发的不同要求，明确不同的功能定位和发展方向，并对环境保护提出了有针对性的要求，强调了政府负责、环保部门统一监管、有关部门分工协作、社会各界共同参与的环保工作机制。

《决定》全文共六章 32 条，9648 个字，内容丰富，内涵深刻，是一个庞大、系统、完整的思想和政策体系。其内涵和实质可以概括为：明确一个思路，把握一个目标，处理好一个关系，完成一个任务，坚持一个方针，强化十项措施，办好两件大事，落实三项制度。

明确一个思路，即要以科学发展观为指导，围绕以饮用水安全保障和重点流域治理为重点，加强水污染防治；以强化污染防治为重点，加强城市环境保护；以降低二氧化硫排放总量为重点，推进大气污染防治；以防治土壤污染为重点，加强农村环境保护；以促进人与自然和谐为重点，强化生态保护；以核设施和放射源监管为重点，确保核与辐射环境安全；以实施国家环保工程为重点，推动解决当前突出的环境问题这七项重点任务，全面推进，重点突破，下决心切实解决突出的环境问题。

把握一个目标，就是到 2010 年，重点地区和城市的环境质量得到改善，生态环境恶化趋势基本遏制；到 2020 年，环境质量和生态状况明显改善。

处理好一个关系，就是要正确处理环境保护与经济发展、社会进步的关系。

完成一个任务，就是要努力建设环境友好型社会。

坚持一个方针，就是要坚持"预防为主、保护优先、综合治理"的方针。

强化十项措施，建立环境保护长效机制。具体内容是：完善环境管理体制，完善环保投入机制，建立健全环境法律法规、标准和经济政策，依靠环境科技进步，加强环保队伍和能力建设，加强社会监督，扩大国际环境合作，加强环保宣传，加强对环保工作的领导，健全环境保护协调机制。

办好两件大事，就是要建立先进的环境监测预警体系和完备的环境执法监督体系。

落实三项制度，即落实环境影响评价、污染物排放总量控制、目标考核和责任追究制。

在中央大力推进树立和落实科学发展观的时代背景下，在举国上下努力建设环境友好型社会的强烈愿望下，《决定》的颁布实施，为中国环境保护事业的发展，为遏制不断恶化的环境趋势，提供了一次前所未有的历史机遇。同时也预示着，环境保护作为科学发展观的核心内容之一，要求在构建和谐社会的过程中发挥历史性作用。作为《决定》直接落实者、执行者，环保工作者必须珍惜这一机遇，抓住这一机遇，乘势而上，奋发图强，理直气壮地贯彻《决定》，大张旗鼓地宣传环保，在全国范围内掀起一个抓环保、兴环保的热潮，努力开创全国环保工作新局面，揭开中国环保事业发展的新篇章。环保工作者期盼已久的春天，来到了！

中国环保进入新时代

2006 年 3 月，十届全国人大四次会议和全国政协十届四次会议召开，"两会"认真总结了前五年的工作，部署了今后五年的工作，审议通过了《国民经济和社会发展第十一个五年规划纲要》，明确 2010 年主要污染物排放总量比 2005 年降低 10%的约束性指标，对环境保护工作提出了更高的要求。温家宝总理在会上所作的《政府工作报告》，强调要把环境问题放在国民经济发展全局中来考虑。报告中关于环保的内容非常丰富，内涵十分深刻，阐述篇幅和力度明显加大，是历次《政府工作报告》提到环保次数最多的一次。报告向全社会昭示，中国政府要下决心解决日益严重的环境问题。

在会议闭幕后举行的记者招待会上，当有记者问及环境保护的问题时，温总理坦陈："环境污染确实已经成为当前中国发展中的一个重大问题，这个问题至今没有得到很好地解决。'十五'计划大多数的指标都基本完成了，但是坦率地告诉大家，环境指标没有完成。"总理指出："多次强调，中国决不能走'先污染、后治理'的老路，要给子孙后代留一片青山绿水。但是必须要采取切实有力的措施。我想至少有四个方面：第一，在制定发展目标时，不要只看经济增长，而要看能源节约和环境保护。因此，这次'十一五'规划纲要特别提出了两项目标，就是在今后五年，单位国内生产总值能源消耗要降低20%左右，主要污染物的排放总量要降低10%。第二，要严格执行产业政策，特别是建设项目和企业准入制度。那些污染环境、浪费资源的企业和建设项目，一律不能搞。第三，要加大对环境污染的专项整治。特别是对水、空气的污染和土地面源污染，要有计划、有步骤地进行治理。第四，要严格执法，依法保护环境，这是最关键的，也是最难的。要依法关闭那些高耗能、高污染的企业，依法追究那些制造污染而给群众、给社会带来重大损失的企业和个人的责任。我相信，只要认真、坚决地执行上述政策、措施，中国环境的状况会有改变的。"

为了更好地实施和推进"十一五"规划，贯彻党的十六届五中全会和十届全国人大四次会议精神，落实国务院《关于落实科学发展观 加强环境保护的决定》，总结"十五"期间的环保工作，部署今后五年的环保工作，进一步开创我国环境保护工作的新局面，国务院决定适时召开全国环保大会。

2006年4月17日，第六次全国环境保护大会开幕。

大会历时一天半，与会正式代表 300 多人，另设分会场 2300 个，11 万多人以电视电话会议的形式参加了会议，规模空前。

与往届环保会议不同，此次会议名称有所变化，过去五次会议的名称都是全国环境保护会议，这次改为全国环境保护大会，虽一字之差，却寓意深刻。它充分显示了党中央和国务院领导同志对环境保护的重视，显示出环保地位的有力提升。

开会期间，正赶上北京接连数日的浮尘天气，温总理神情凝重地对大家说："同志们，不能闭门开会。会场外，北京正出现严重的降尘天气。北京扬尘天气已经持续十多天了，这虽然有气候的因素，但也反映出环境问题的严重性。沙尘暴连续发生，对我们是一个警示。在这里开会，感到了肩上的压力。"大自然以它特有的方式再次向我们发出警示，总理沉重的话语振聋发聩，又一次给我们敲响了警钟。

第六次全国环境保护大会有三个明显的特点：

一是规格高。温总理出席会议并发表了重要讲话，深刻分析了当前面临的环境形势，肯定了环保工作的成绩，指出了存在的问题和原因，阐述了做好新形势下环保工作的重大意义，进一步明确了今后五年的指导思想、目标和任务，提出了四项工作和八项措施。曾培炎副总理对落实国务院关于加强环境保护的决定和这次大会精神，从编制规划、强化措施、完善机制、严格执法、加强领导等方面，提出了具体要求。

二是规模大。各省、自治区、直辖市、计划单列市人民政府和新疆生产建设兵团分管环保工作的负责人、主管秘书长及发改委、财政部门负责人和环保部门主要负责人，全国环境保护部际联席会议组成单位及国务院其他有关部门负责人、中央管理的有关企业负责人参加会议，会议邀请了党中央、全国人大、全国政协有关部门和武警总部的负责同志。全国环保系统先进集体和先进工作者代表也参加了会议。开幕式以电视电话会议形式召开。各省、自治区、直辖市人民政府和新疆生产建设兵团设分会场，并下接到市、县。从省到市、县，各级政府及有关部门的主要负责同志和有关人员聆听了温家宝总理的重要讲话。

三是内容丰富。山东、河南、四川三省人民政府和发改委、财政部、环保总局三个国务院有关部门的代表，分别以"以流域治理和产业结构为重点，全面加强环境污染综合整治"、"加大投入、落实责任，全面推进环境保护工作"、"立足科学发展，大力加强污染防治和生态保护"、"加强调控、狠抓落实，加快建设资源节约型环境友好型社会"、"深化改革、完善政策，努力构建环境保护投入新机制"和"全面落实国务院加强环境保护的决定，扎实推进新时期环保工作"为题，作了大会发言。围绕学习温家宝总理讲话和国务院《决定》，结合本地区、本部门实际情况，代表们进行了认真讨论。大会表彰了北京市环境保护局大气环境管理处等116个 "全国环境保护系统先进集体"及陈添等38名"全国环境保护系统先进工作者"。温家宝总理、曾培炎副总理亲自为先进集体和个人的代表颁了奖。

这次大会站在新的历史起点上，以科学发展观审视环境问题，高屋建瓴对待环境保护，实事求是部署环境工作。这次大会，统一了思想，提高了认识，明确了目标，提出了措施，落实了任务，坚定了信心，是我国环保史上又一个新的里程碑。

这次大会，温家宝总理在充分肯定环保工作成绩的同时，指出我国环境保护面临的严峻形势。并且严肃地指出，对环境保护重视不够，产业结构不合理、经济增长方式粗放，环境保护执法不严、监管不力，是环境污染严重的三个主要原因。在部署当前和今后一个时期的工作任务时，总理代表党中央、国务院明确要求，做好新形势下的环保工作，关键是要加快实现三个转变：

一是从重经济增长轻环境保护转变为保护环境与经济增长并重，把加强环境保护作为调整经济结构、转变经济增长方式的重要手段，在保护环境中求发展。

二是从环境保护滞后于经济发展转变为环境保护和经济发展同步，做到不欠新账，多还旧账，改变先污染后治理、边治理边破坏的状况。

三是从主要用行政办法保护环境转变为综合运用法律、经济、技术和必要的行政办法解决环境问题，自觉遵循经济规律和自然规律，提高环境保护工作水平。

筹备第六次环保大会的过程中，环保总局起草的总理讲话代拟稿，提出了历史性转变的主要内容。总理特别关心这次讲话，对讲话起草作出重要指示。就在讲话稿印刷之前，总理又再次亲修了转变的表达，这次修改，将环境保护与经济发展的关系作出了重大调整，也从战略定位上进一步强化了环境保护的国策地位。

在我国环境保护 30 多年的历程中，先后召开过多次环境保护会议，提出了不同阶段的任务和方针。1973年召开的第一次全国环境保护会议，将环境保护提到国家的议事日程，提出了"全面规划、合理布局、综合利用、化害为利、依靠群众、大家动手、保护环境、造福人民"的环境保护工作方针。1983 年召开的第二次全国环境保护会议，把保护环境确定为我国的一项基本国策，并且制定了经济建设、城乡建设、环境建设同步规划、同步实施、同步发展，实现经济效益、社会效益、环境效益相统一的指导方针，以及"预防为主，防治结合"、"谁污染，谁治理"、"强化环境管理"三大环境保护政策。1989年召开的第三次全国环境保护会议，明确提出"向环境污染宣战"，形成了八项环境管理制度。1996年召开的第四次全国环境保护会议，明确提出"保护环境的实质就是保护生产力"，把实施主要污染物排放总量控制作为确保环境安全的重要措施，开展重点流域、区域污染治理。2002年召开的第五次全国环境保护会议，要求把环境保护工作摆到同发展生产力同样重要的位置，按照经济规律发展环保事业，走市场化和产业化的路子。

每一次环境保护会议都极大地推动了环保事业的发展。第六次环保大会以"三个转变"为标志，开创了环保工作的新纪元，具有里程碑意义并将载入中国环境事业发展的史册。

转折点上的历史性抉择

第六次环保大会的胜利召开在国内外引起了强烈反响。国内外数百家媒体报道了此次大会，发布了两万多条消息。

无论是对于我国的经济社会发展，还是对于环境保护事业，第六次环保大会都具有非常重要的现实意义和深远的历史意义。尤其是温总理代表党中央、国务院提出的"三个转变"，科学地界定了经济发展和环境保护的关系，成为指导新时期环境保护工作的行动指南。

会议第二天，《人民日报》发表了标题为《关键是加快实现"三个转变"》的社论，从落实科学发展观的高度，理论与实践相结合地对温总理提出的"三个转变"进行了深入阐述，认为这是一个方向性、战略性、历史性的转变。与此同时，《求是》杂志发表署名文章对"三个转变"进行了深入的论述。

作为此次大会的标志和灵魂，"三个转变"体现了科学发展观的本质要求。内容丰富，内涵深刻。

第一个转变强调，发展的指导思想要发生重大转变，要从重经济增长轻环境保护，转变为保护环境与经济增长并重。这是温家宝总理继 2002 年第五次全国环保会议上提出要把环境保护工作摆到同发展生产力同等重要的位置之后，对环境保护重要地位的进一步阐述。实现"并重"的途径，并不是把两者割裂开来，而是要更加有机地结合起来，把加强环境保护作为调整经济结构、转变经济增长方式的重要手段，在保护环境中求发展。这正是保护环境优化经济增长的核心内容。

第二个转变强调，环境保护和经济发展要同步。在第二次全国环保会议上，国家制定了经济建设、城乡建设、环境建设同步规划、同步实施、同步发展的指导方针，对在工业化、城市化进程中避免环境质量急剧恶化发挥了积极作用。但是，在重经济增长轻环境保护的思想影响下，在以环境换取经济增长为主的发展阶段，实现"同步"是难以做到的，必然出现"老账未还、又欠新账"的局面，难以从根本上摆脱"先污染后治理"的状况。只有全面落实科学发展观，坚持走以保护环境优化经济增长的路子，"同步"这个美好的愿望才能转化为现实，环保工作才能改变消极被动的事后补救状况，形成积极主动的事前预防格局。

第三个转变强调，运用综合手段解决环境问题。由于重经济发展轻环境保护，环保工作一直难以得到全社会的充分理解和广泛支持，从客观上也容易导致更多地采用行政办法保护环境。只有环境保护与经济增长"并重"，环境保护真正成为优化经济增长的重要手段，环保工作才能得到各方面的积极呼应，才有条件更多地综合运用法律、经济、技术和必要的行政办法解决环境问题。同时，更要看到，第三个转变对环保工作提出了更高更新的要求，那就是自觉遵循经济规律和自然规律，全面提高环境保护工作水平。

在"三个转变"中，第一个转变既是核心又是途径，第二个转变既是目标又是模式，第三个转变既是手段又是基础。

"三个转变"是对我国经济与环境关系的根本性调整。长期以来，一些地方没有正确认识和处理好经济发展与环境保护的关系，重经济增长，轻环境保护，甚至不惜以牺牲环境为代价换取经济增长。推进经济增长的力量远远大于保护环境的力量，经济发展与环境保护"一条腿长一条腿短"的问题十分突出，两者严重失衡，环境问题已经成为制约经济发展的"瓶颈"。改变这种状况，必须要"并重"、"同步"，解决问题的出路，必须要以保护环境优化经济增长，促进科学发展，实现保护环境和经济增长的内在统一。

"三个转变"是环境保护理论和实践的重大创新。发达国家曾经走过一条"高投入、高消耗、高污染"的发展道路，环境保护经历了先污染后治理的过程。20世纪70年代初，在工业化水平还不高的情况下，我国就紧跟世界环境保护的发展潮流，开始了保护环境的征程。改革开放以来，我国把环境保护作为一项基本国策，在工业化、城市化快速发展的过程中，环保工作取得了积极成效，减缓了环境恶化的趋势。但是，由于认识上没有"并重"，实践中没有"同步"，经济结构调整缓慢，增长方式比较粗放，没能从根本上摆脱先污染后治理、边治理边污染的道路。"十五"期间环境污染还在恶化，环境问题成为制约经济发展、损害群众健康、影响社会稳定的重要因素。必须通过经济发展与环境保护的同步推进，做到不欠新账，多还旧账，坚决改变先污染后治理、边治理边破坏的状况；同时，实现的途径绝不能也不可能照搬一些发达国家的现成模式，必须立足于我国正处于并将长期处于社会主义初级阶段的实际情况，积极探索更加经济有效的环境管理模式，变被动、事后、补救、消极环保为主动、事前、预防、积极环保，走出一条低代价、高效率的环保之路。

"三个转变"是优化资源配置方式的重大改革。既要将经济增长与环境保护并重，又要将两者有机结合起来，从资源配置的角度来看，一方面要增加环境保护的投入；另一方面，通过壮大环境保护的力量，使环境保护与经济增长处于均衡态势，在对立统一中将促使资源配置向提高质量和效益倾斜。从经济发展的路径来看，应当由主要依赖自然资源、物质资本和劳动力扩张的传统路径，转向主要依赖教育、科技、制度、知识促进经济发展的新路径，减轻经济增长对环境的压力。长期以来，环境保护被作为只有投入、没有产出的公益事业，主要依靠行政手段保护环境，结果严重制约着资源配置的水平，特别是效率的提高。自觉遵循经济规律和自然规律，要求环保工作必须实行战略重组，进一步突出重点，解决主要矛盾，在优化政府资源配置的同时，通过战略重组这个"指挥棒"，将社会资源吸引到优势领域上来，做大做强环保工作；通过更多地利用法律、经济、技术手段，提高环境保护的资源配置效率。

"三个转变"的核心是要坚决摈弃以牺牲环境换取经济增长的做法，坚持以保护环境优化经济增长，促进环境与经济相互促进、相互协调、内在统一。无论是从经济与环境的关系来看，还是从人与自然的关系来看；无论是从环境保护的发展模式来看，还是从环境保护的资源配置来看，"三个转变"都是全局性、整体性、战略性、方向性、根本性的变化，因而也将它统称为历史性转变。

时代的呼唤

历史性转变是对我国经济发展和环境保护规律认识的一个新飞跃。它的产生有着深刻的历史背景，反映着时代的客观要求。

党的十六大以来，中央提出树立和落实科学发展观、构建社会主义和谐社会的重大战略思想；提出建设资源节约型、环境友好型社会，加快转变经济增长方式，大力发展循环经济；要求明确不同区域的功能定位，形成各具特色的区域发展格局。党中央的一系列战略决策表明，我国环境与发展的关系正在发生重大而深刻的变化。环境容量成为区域布局的重要依据，环境管理成为结构调整的重要手段，环境标准成为市场准入的重要条件，环境成本成为价格形成机制的重要因素。这些重大变化，都标志着环保工作进入了以保护环境优化经济增长的新阶段。随着综合国力的增强和环保事业的发展，实行历史性转变的基本条件已经具备，推进历史性转变已经成为时代进步的迫切要求。

历史性转变是落实科学发展观的必然产物。科学发展观是指导发展的世界观和方法论的集中体现，是我国推动经济社会发展、加快推进社会主义现代化建设必须长期坚持的重要指导思想。以人为本是科学发展观的本质和核心。单纯的经济增长"见物不见人"，遮蔽或偏离了发展的根本目的，也就背离了经济建设的初衷。只有把经济增长与环境保护摆上"并重"的位置，在实际工作中同步推进，才能促进人与自然和谐，实现经济发展与环境保护相协调，走生产发展、生活富裕、生态良好的文明发展道路，切实提高人民群众的生活质量，保证一代接一代地永续发展。

历史性转变是完成建设环境友好型社会战略任务的必然要求。《2006 中国可持续发展战略报告》指出：

当前中国生态系统整体功能仍在下降，抵御各种自然灾害的能力在减弱。正在以历史上最脆弱、最严峻的生态环境，供养着历史上最大规模的人口，负担着历史上最大规模的人类活动，造成了最严重的环境资产损失和经济损失，生态和环境安全成为影响国家安全和可持续发展的重要方面，也是中国 21 世纪最突出的问题之一。这就决定着必须采用更加珍爱环境的生产生活方式，建设环境友好型社会就是一项重大的战略选择，它要求重塑人与自然的关系，尊重自然规律，以最小的环境代价取得最大的经济社会效益。加快推进历史性转变正是基于建设环境友好型社会的客观要求提出来的。

历史性转变是新阶段经济发展与环境保护的客观需要。我国经济社会发展已经进入了人均 GDP 从 1000 美元向 3000 美元过渡的关键时期。根据国际经验，这个时期既是一个"发展机遇期"，又是一个"矛盾凸现期"，同时，也是环境压力最大的时期。如果处理不好，不仅人与自然的矛盾进一步尖锐，而且也会加剧人与人、人与社会的矛盾。我国的现代化建设已经不具备发达国家工业化初期的发展环境，我国所面临的环境挑战，比任何一个大国在工业化过程中所遇到的形势都更加严峻。也不具备发达国家现在改善环境的条件，通过向发展中国家采购污染密集型产品转嫁污染。先污染后

治理的路子不能走，也根本走不通。高代价、低效率的
环保道路不仅会断送我国环保事业蓬勃发展的前程，而
且会严重挤压中国的经济社会发展空间，并最终危及已
经取得的发展成果。加快推进历史性转变，摈弃以牺牲
环境换取经济增长的做法，坚持以保护环境优化经济增
长，是探索中国特色环境保护道路的唯一选择。

历史性转变是当今世界最新环保理念的集中反映。
1972 年在斯德哥尔摩召开的人类环境会议，开启了世
界各国共同保护环境的征程。1992 年的里约环发大会，
世界各国达成了可持续发展的共识。2002 年世界可持
续发展首脑会议，将相互协调的经济发展、社会进步、
环境保护作为可持续发展的三大支柱。在 30 多年的发
展进程中，人们逐步认识到单靠末端治理不可能根本解
决环境问题。随着污染预防、清洁生产和可持续发展等
概念的提出，环境保护战略出现了重大转折：从单纯的
解决环境问题转向将发展与环保协调起来，环境保护覆
盖范围由末端治理向生产、消费的各个领域延伸，由微
观控制向宏观控制拓展。以源头预防、全过程控制和废
弃物资源化来替代末端治理成为环境与发展政策的主
流。污染控制政策体系越来越趋向综合化、多样化，并
强调政策的灵活性。特别是强制性政策与经济激励手段
相结合取得了明显的成效。历史性转变的提出，吸收了

多年来世界各国环境保护的经验，借鉴了国际社会环境保护理论的有益成果，反映了当代最新的环保理念，顺应了当今世界环境与发展事业前进的潮流。

在深刻了解历史性转变产生背景的同时，也要充分认识到全面落实科学发展观、全面建设小康社会、构建社会主义和谐社会、环保事业蓬勃发展都在要求必须加快推进历史性转变。

我国人口基数大，人均资源相对不足，生态环境脆弱。粗放型经济增长方式不仅使经济发展质量难以提高，资源环境也不堪重负。国内外经验表明，加强环境保护是优化经济结构、转变经济增长方式的重要手段。从20世纪70年代开始，日本通过执行严格的环境政策，促进了经济结构调整，仅用了十几年时间就基本解决了产业污染问题，经济质量也迅速提高。我国太湖的五里湖污染治理投入了25亿元，带来的土地增值可以产生50亿元以上的直接经济效益，既美化了群众的生活环境，又拉动了经济增长。

"十一五"时期是全面建设小康社会的关键时期。《国民经济和社会发展第十一个五年规划纲要》明确要求，到2010年，在GDP年均增长7.5%的同时，单位GDP能源消耗降低20%，主要污染物排放总量减少10%。这是约束性的指标，是必须实现的目标。如果继续沿袭以牺牲环境换取经济增长的老路，不仅环保目标难以实现，还将影响经济社会发展全局。因此，必须加快推动历史性转变，确保全面建设小康社会目标的顺利实现。

人与自然和谐发展，是和谐社会的重要组成部分。人与自然的矛盾越尖锐，环境保护在构建和谐社会中的地位就越重要。近年来，环境问题已严重影响到社会稳定。自松花江水污染事件发生以来，至 2006 年 4 月底，由国家环保总局直接指导处理的各类突发环境事件 76 起。如果环境保护继续被动适应经济增长，这种状况将难以遏制，甚至有愈演愈烈之势。因此，环保工作必须加快推动历史性转变，下大力气解决涉及人民群众利益的突出环境问题，有效化解各类环境矛盾和纠纷，维护社会和谐稳定。

经过 30 多年的努力，我国环保事业取得重要进展。随着经济规模的不断扩大，环境压力将持续增加。当前和今后一个时期，我国环境问题日益严重与增长方式转变缓慢的矛盾突出，协调经济与环境关系的难度越来越大；人民群众改善环境的迫切性与环境治理长期性的矛盾突出，环境问题成为引发社会矛盾的"焦点"问题；污染形势日益严峻与国际环保要求越来越高的矛盾突出，环境与发展空间的关系受到挑战。必须以更高的层次、更宽的视野看待环境问题，从经济社会发展的全局准确判断环境形势，从全面建设小康社会的目标看待群众环境需求，在再生产的全过程中全面防控环境污染，加快推动历史性转变。

历史性转变是具有中国特色、基于中国国情、符合发展实际、融入发展全局的转变，是承上与启下相连、希望与困难同在、机遇与挑战并存时期的转变，是中国环保事业转折点上的正确抉择！

深刻的变革

历史性转变形成于中央提出树立和落实科学发展观、构建社会主义和谐社会的重大战略思想的时代背景下，形成于环境保护的伟大实践中，又在这个伟大实践中发挥着巨大的理论指导作用，是引领新时期新阶段实现环保事业新跨越的思想武器和行动指南，因此必须努力加以推进。

用历史性转变统一思想和行动，必须增强推进历史性转变的自觉性和坚定性，凡是符合历史性转变的事情要全力以赴去做，凡是不符合的要毫不迟疑去改。例如，加快推进历史性转变，环境管理政策必须进行重大改革：要更加重视宏观政策，更加重视环境政策与经济政策的融合，更加重视环境经济政策，环境政策的覆盖范围要从生产领域向消费、流通、分配领域延伸，从投资领域向外贸领域扩展等。再如，发达国家的环保法律是在环境污染相当突出、社会压力剧增的情况下制定的，一开始就实行了十分严格的环境保护法律。而我国的环保法律、法规起步于工业化水平较低的阶段，形成的一系列规定和制度对于在发展中保护环境发挥了重大作用，但随着工业化、城市化的迅速发展，与新形势不相适应的矛盾开始显现，有的已经十分尖锐。历史性转变为统一各有关部门、全社会对环境保护的认识带来了难得的机遇，要乘势而上，按照"并重"、"同步"的要求制定、修改、完善环保法律法规。

要以战略重组推进历史性转变。环保工作的总体思路要求必须正确处理好经济发展、社会进步与环境保护的关系，当前与长远的关系，政府主导和市场推进的关系，中央与地方的关系，城市与农村环保工作的关系，区域之间环境保护的关系。这是环保工作的战略重组。战略重组不是过去进行的一般意义上的适应性重组，而是一次带有全局意义的战略性重组，不是在出现问题以后被动地、消极地重组，而是积极地、主动地重组。重组与发展互为因果，互相推动。它不仅包含环保工作领域的调整优化，而且更重要的是环保工作能力的调整优化；它不单纯是数量的调整，而且更重要的是全面提高工作质量的调整；它不仅是解决当前战线过长、效率偏低的问题，而且事关环保事业的长远发展；它不仅是解决环保部门自身发展的问题，而且是推进科学发展的重大举措。加快环保工作的战略重组，就是要壮大保护环境的实力，形成保护环境的合力，推动保护环境的资源尽快向解决危害人民群众健康的突出环境问题集中，向做强做大环保部门的工作能力集中，使环保部门真正担负起环境保护综合管理的重任。各地各部门都要朝着一个方向共同努力，绝不能偏移方向，更不能逆向操作。要坚决克服封建社会"诸侯经济"的思想残余，将本地区、本部门的工作放在环保工作的总体思路中统筹规划、合理安排。要根据战略重组和职能分工的要求，划清机关、事业单位、社会团体的职责，明确任务，理顺关系。该由机关承担的职责绝不能"缺位"，该由事业单位和社会团体完成的任务，机关绝不能"越位"。

要以改革和创新的精神推进历史性转变。"创新是一个民族进步的灵魂，是一个国家兴旺发达的不竭动力，是一个政党永葆生机的源泉"。改革和创新是共产党人应有的品质和精神。世界上，唯一不变的就是"变化"。如果只用静态思维、局部思维和以自我为中心的标准去审视周围世界，就不可能有任何创造性的作为。事物是复杂的、多元的、多变的，建功立业没有固定模式。一味追求固定的模式，就不可能有创新。鲁迅先生说过，世间本没有路，走的人多了，也便成了路。应该学习和借鉴别人的先进经验和做法，但绝不是照搬和复制或者是"克隆"别人的经验。环境保护既要尊重行政管理部门的共性，同时又必须考虑自己的"个性"。改革和发展需要创新，推动环保事业发展的唯一出路也是创新。要树立改革和创新的新形象，充分发扬敢为人先的精神，坚持新的发展观和政绩观，勇于向陈旧的东西挑战，走前人没有走过的路，干前人没有干过的事，开创前人没有开创过的事业。

　　历史性转变是第六次环保大会的标志和灵魂，饱含着"蝉蜕"时期的痛苦与希望。历史性转变是一场深刻的变革，必然要求经济和行政管理体制、法律制度和社会生活等各个方面的变革。29 年前，改革开放开启了中国特色社会主义的新纪元。现在又面临着新的形势和任务，要实现经济增长方式的转变，要实现经济结构的调整，要实现环境友好型社会建设的目标，必须以改革的精神推进历史性转变。这场改革的广度、深度、难度和复杂性是前所未有的，但别无选择。只有深刻认识其内涵和实质，以饱满的热情、务实的作风投身于历史性转变中，才能形成推进历史性转变的强大动力，主动、事前、预防、积极的环保才会早日来临。如果用片面的、静止的、陈旧的观念对待历史性转变，就会错失来之不易的大好机遇，就会延缓转变的进程，环保工作就会长期滞留在被动、事后、补救、消极的状态。

虽然"蝉蜕"的前景是美好的，但要从熟知的环境中走出来，发展新事业，开拓新领域，必然经历一个艰难甚至痛苦的过程。比如，虽然过度使用行政办法会造成效率偏低的状况，但行政办法的出台相对容易；经济办法虽然总体上更为有效，但出台的难度要大得多。因为经济政策往往具有牵一发而动全身的特点，必须在深入研究的基础上，拿出充分的论证依据，同时，还不能孤立地研究，必须放在国家经济政策的大背景中深入研究，增强依据的说服力，而政策的出台更需要做大量协调与推动工作。再比如，在实际工作中，不仅要运用"增量"的办法，还要注重用好"存量"的办法。无论是环境政策，还是环境管理制度，一味地搞"叠加"，虽然新政策新制度出台了不少，但效果并不一定理想，同时还容易导致管理和执法成本过高。如果将现有的政策和制度进行优化和调整，也可以大大提高管理效力。因此，推进历史性转变并非必须在环境管理上简单地做"加法"，其实，必要的"减法"与合理的新组合往往能起到意想不到的效果。再举一个例子，环保任务相当繁重，环保队伍人员少、资金短缺、手段落后。如果长期习惯于轰轰烈烈的场面，不潜心研究工作的内在规律，工作将永远徘徊在低水平上。要在工作制度、工作程序、工作细节上狠下工夫，通过加强基础工作，让各项环境管理工作有所遵循，以减少工作的盲目性、随意性，切实提高环境管理水平，彻底改变被动应付的局面。

必须清醒地意识到，把历史性转变贯彻落实到环保工作的全过程，全力推进历史性转变，是摆在我们面前的一项重大任务。

推进历史性转变，要把环境保护摆上突出位置。当前，一些地方重经济增长、轻环境保护的问题相当突出，从总体上看，环境保护严重滞后于经济发展，两者处于严重失衡状态。必须改变"单纯经济增长等同于发展"的错误认识，牢固树立以人为本、全面协调可持续发展的观念；必须改变"单纯的 GDP 等于政绩"的错误认识，牢固树立经济、社会、环境协调发展才是实实在在的政绩，科学发展也是政绩的观念；必须改变"先污染后治理是普遍规律"的错误认识，牢固树立在发展中同步解决环境问题的观念；必须改变"只有经济发展是硬任务，环境保护是软任务"的错误认识，牢固树立环境保护与发展生产力都是硬任务的观念。把环境保护切实摆到与经济增长同等重要的位置，并从体制、机制、能力上给予保障，改变经济发展与环境保护一先一后的状况，使两者做到同步发展。

推进历史性转变，要全方位控制污染。目前，我国环境政策主要集中在生产领域、投资领域。推进历史性转变，必须将环境保护由生产领域向流通、分配、消费领域延伸，由投资领域向外贸领域拓展。要大力推进清洁生产，鼓励节能降耗，防范和应对突发环境事故，构建低消耗、少污染的现代生产体系。要实行有利于环境保护的流通方式，积极治理铁路、水运等运输污染，保障危险化学品运输和储存安全，限制高污染产品贸易，强化资源再生回收利用，建立清洁、安全的现代物流体系。要大力倡导环境友好的消费方式，实行环境标识、环境认证、绿色采购和生产者责任延伸等制度，推进垃圾分类和消费品回收，建立绿色、节约的消费体系。

推进历史性转变，要严格环境准入和污染淘汰。对于新建项目，通过提高环境准入"门槛"，既可以将高能耗、高物耗、高污染的建设项目挡在"门外"，又能遏制固定资产投资过快增长。国务院《决定》明确提出，要努力使环境标准与环保目标相衔接，就表达了提高环境"门槛"的决心。要优化环境标准、调整产业政策，提高环境准入的"门槛"。要降低污染企业退出"门槛"，将严重危害群众利益、资源消耗高、环境污染重、治理价值小的违法建设项目淘汰"出局"。

推进历史性转变，要实行分区管理。生产力布局要充分考虑各地的资源禀赋、环境容量、人口状况。在经济发达、环境容量有限、自然资源不足的地区实行优化开发，依靠科技进步和产业结构升级降低污染物排放总量；对发展潜力大、环境容量较为充裕、资源比较丰富的地区实行重点开发，在严格遵守环保法律法规的基础上，合理利用环境容量；在生态环境脆弱的地区和重要生态功能区实行限制开发，选择对环境危害小、有利于生态功能恢复的开发方式；在自然保护区和具有特殊保护价值的地区实行禁止开发，依法实施强制性保护。

推进历史性转变，要促进环境成本内部化。我国资源、能源利用效率低下，污染排放严重，既有资源价格不合理的因素，也有环境成本没有内部化的原因。针对排污费征收标准偏低的情况，要逐步提高工业企业排污收费标准，建立企业保护环境的激励机制和减少污染排放的约束机制；针对城镇污水处理和生活垃圾处理收费不到位的问题，要全面实施城市污水、生活垃圾处理收费制度，收费标准要达到保本微利的水平，凡收费不到位的地方，当地财政要对运营成本给予补助；针对矿山生态恢复问题，要建立矿区环境和生态恢复的新机制，督促矿山企业承担资源开采的环境成本；针对环境无价的状况，要在落实污染物排放总量控制制度的前提下，实行排污权有偿取得，改变目前企业随意排污、不计成本的状况。同时，采取有效措施，真正把企业污染治理的责任落到实处，使企业生产成本完整地反映环境成本，使企业形成保护环境的内在压力。

前进的航标

站在环境保护发展的战略高度，历史性转变是对环境保护与经济发展关系的根本性调整，是环境保护方式的根本性变革，是环保事业成败的关键所在。推动这一转变，必须坚持从国家战略层面解决环境问题、坚持保护环境优化经济增长、坚持全面推进重点突破、坚持从再生产全过程加强环境保护、坚持从经济全球化的战略高度驾驭环境保护、坚持思想、组织、作风、业务、制度等"五大"建设，弘扬中国环保精神，唯有站在更高远的角度看待和处理环境问题，确立新时期环境保护的长远战略，树立环保工作前进的航标，环保事业才会得到蓬勃的发展。

坚持从国家战略层面解决环境问题。环境问题是一个"世界问题复杂体"，不仅涉及科学技术，而且涉及经济发展、社会进步、政治文明，甚至关系伦理道德。单纯依靠技术手段治理环境污染，必然是"头痛医头，脚痛医脚"，无法摆脱"先污染后治理"的道路。只有将环境保护上升到国家意志的战略高度，融入经济社会发展全局，才能从源头上减少环境问题。进入新世纪，环境保护开始与经济、社会、文化高度融合，循环经济的理念付诸实践，循环型社会的构架初现端倪。20 世纪 80 年代，上海提出了建设国际金融、贸易、航运中心的战略构想，经过 20 多年的不懈努力，产业结构不断升级，空间布局趋于合理，生态环境大有改观。从战略上解决环境问题，必须将环境友好的理念贯彻到发展的战略方向上，体现在发展的战略目标中，落实在发展的战略举措上，将环境保护的要求渗透到产业政策、货币政策、价格政策、财税政策和贸易政策之中，以环境友好的政策确保发展战略的顺利实施。

坚持保护环境优化经济增长。环境保护与经济发展是对立统一的矛盾体。传统的发展模式，消耗的资源多，产生的污染大，经济增长与环境保护的矛盾十分尖锐。科学发展就是消耗的资源越少越好，产生的污染越小越好，最好是"零排放"，总括起来就是又好又快。在我国汽车工业的发展中，环保标准曾经被认为是"拦路虎"。实践证明，严格的环保标准不仅没有阻碍汽车工业的发展，反而推动了技术革新，提高了市场竞争力。2006 年，我国汽车产量达到 700 万辆，全球排名第三位。近年来，天津市坚持以环保计划优化国民经济和社会发展计划，以规划环评优化城市空间布局，以环境准入优化产业结构，以循环经济优化增长方式，以环境治理优化环境容量，"十五"期间，以水资源消耗的零增长和能源消耗的低增长，实现了经济总量翻一番，二氧化硫和化学需氧量排放量比2000年分别削减20%左右，成为环渤海地区一道亮丽的风景线。长期以来，人们认为重化工业的发展必然带来严重的环境污染。江苏省在沿江经济带开发中，坚持环保优先，以循环经济理念安排企业布局，提高技术门槛，推动企业进园入区，在经济快速发展的同时，污染负荷大幅削减，土地大量节约，被誉为江苏"环保新现象"。坚持保护环境优化经济增长，必须以环境准入促进产业结构优化升级，以功能分区促进产业布局合理有序，以减排污染促进生产技术换代升级，以环境成本促进资源优化配置。

坚持全面推进重点突破。环保思路关系环保工作，环保工作关系环保事业。思路不清，工作无从着手；工作不力，事业无从推进。有的地方对如何强化环保工作、推进环保事业，思路还不够清晰，针对性还不够强，工作重点还不够突出，工作措施还不够得力；有的地方仍然停留于就事论事，整体思考不够深入，统筹兼顾不够系统，长远规划不够完善；有的地方理论和实践脱节，部署和落实脱节，要求和措施脱节，督察和整改脱节，监测和监察脱节。诸如此类的问题，既是不足又是潜力。如果承认不足，潜力就可能替代不足；如果无动于衷，那么不足永远是不足，潜力也无法得以发挥。所以，只有坚持全面推进重点突破的工作思路，才能有效推进环保工作的历史性转变。全面推进重点突破的总体思路，充分体现了"重点论"和"两点论"的哲学思想，是对环保力量的重新调配，是对环保资源的整合重组，是对工作部署的战略优化。

坚持从再生产全过程加强环境保护。马克思主义政治经济学认为，任何社会的再生产过程都是由生产、流通、分配、消费四个环节构成的。从四个环节的关系来看，消费是目的，生产是手段，分配和流通是中间环节。环境问题贯穿于这四个环节，保护环境也必须落实到社会再生产的全过程。过去，环境管理主要集中于生产领域，忽视了对分配、流通和消费领域的关注，环境利益分配不合理、灾难性污染事故频发和奢侈型消费现象滋生等问题日益严重，由此引发的环境问题日渐突出。以消费为例，生存消费、发展消费和奢侈消费是三种类型。生存消费带来的环境问题，在一定程度上讲是必须付出的代价；发展消费则是以人为本的体现；奢侈消费就是浪费，必须想办法限制，有的甚至还要禁止。

坚持从经济全球化的战略高度驾驭环境保护。经济全球化是一把双刃剑，既对各国经济发展产生积极影响，又带来了环境恶化等诸多矛盾和问题。在经济全球化的进程中，我国在国际产业分工中处于相对不利的地位，背负着沉重的环境压力。在国际社会高度关注全球环境保护的情况下，我国比任何一个发达国家工业化进程中面临的环境挑战都要严峻。但是更要看到，经济全球化也为更好地利用国外技术、资金和自然资源，加快推进新型工业化进程，缓解资源环境压力，创造了难得的历史机遇。在经济全球化的大背景下推进历史性转变，必须建立和完善环境安全评价体系，防止严重污染环境的企业和产品向国内转移，防止外来物种入侵和遗传资源流失；必须运用经济手段，严格限制或禁止高能耗、高污染产品出口，促进对外贸易增长方式转变；必须积极参与国际环境合作，维护国家利益，树立良好的国际形象。

历史性转变所描绘的美好的蓝图，绝不是等来的，也不是靠来的，必须坚持"五大建设"，弘扬中国环保精神，通过环保工作者的智慧和谋略去推进，用辛勤的汗水去换取。"求木之长者，必固其根本；欲流之远者，必浚其泉源"。各级环保部门在历史性转变中发挥着中流砥柱的作用，必须通过思想、组织、作风、业务、制度等"五大建设"，树立科学的环保观，切实提高推进历史性转变的能力，使每一个环保工作者的潜能得以充分发挥，使环保队伍在推进历史性转变中势如破竹，无往而不胜。加强"五大建设"，必须大力弘扬中国环保精神。胡锦涛总书记强调："伟大的事业孕育伟大的精神，伟大的精神推动伟大的事业"。中国环保精神是几代环保人前赴后继的结晶。做好新时期的环保工作，必须以饱满的热情、旺盛的斗志，克服前进道路上的艰难险阻，推动历史性转变早日实现。

要实现环保工作的历史性转变，必须下最大决心，花最大力气，采取最强有力的措施。必须把环境保护提升到国家发展战略的高度，贯穿于生产、流通、分配、消费各个环节和经济社会发展各个领域，通过经济政策、法律制度、技术创新和必要的行政手段保证目标任务的完成。

第四章

迈向新的发展阶段

——以保护环境优化经济增长

> 只有知道了通往今天的路，才能清楚而明
> 智地规划未来。
>
> ——斯蒂文森

　　环境保护事业的困惑源于人们认识的局限，人们在追求获得物质享乐并得到某种程度的满足时，往往成为其他后来者效仿的范例，久之便成为地球的主宰者，"征服"一词中充满着骄傲和自豪。当征服者前进的道路变得越来越暗淡、越来越危险的时候，回首过去才真正领悟到：人与自然关系的真谛是和谐，人们要科学、理性、辩证地认识和满足自身的需要，建立适度、合理的生存和发展方式。对自然的掠夺和破坏，同时也是对人自身的否定；今天对环境的破坏，就是明天对人类生存条件和生存权利的无情剥夺。

　　发展是人类社会追寻的永恒主题，但发展在不同时

期却被赋予不同的含义。享受发展成果、承担发展痛苦、修正发展错误、升华发展理念，发展中通过丰富和扬弃，直至达到科学发展的境界，是一次重大的理论创新和文明进步。

"天人合一" 寻化境

我国著名东方文化学家季羡林先生在"关于'天人合一'思想的再思考"一文里有一段经典的论述，他针对"有科学家认为只有发展科学，发展技术，发展经济，才有可能最后解决环境问题。决不能为保护环境而抑制发展，否则将两俱无成"提出了自己的见解："我是不赞成他们的意见的，我期期以为不可。为了保护环境决不能抑制科学的发展、技术的发展和经济的发展，这个大前提绝对是正确的。不这样做是笨伯，是傻瓜。但是，处理这个问题，脑筋里必须先有一根弦，先有一个必不可缺的指导思想，而这个指导思想只能是东方的'天人合一'的思想。否则就会像是被剪掉了触角的蚂蚁，不知道往哪里走。从发展的最初一刻起（from the very beginning)，就应当在这种思想的指引下，念念不忘过去的惨痛教训，想方设法，挖空心思，尽最大的努力，对弊害加以抑制，决不允许空喊：'发展！发展！

发展！'高枕无忧，掉以轻心，梦想有朝一日科学会自己找出办法，挫败弊害。常言道：'道高一尺，魔高一丈。'到了那时，魔已经无法控制，而人类前途危矣。"他还非常形象地做了一个比喻："中国旧小说中常讲到龙虎山张天师打开魔罐，放出群魔，到了后来，群魔乱舞，张天师也束手无策了。"季老还更为形象地指出："最聪明最有远见的办法是向观音菩萨学习，放手让本领通天的孙悟空去帮助唐僧取经。但同时又把一个箍套在猴子头上，把紧箍咒教给唐僧。这样可以两全其美。"

季先生所说的"天人合一"思想，与中央提倡的科学发展观和建设和谐社会的理念是相通的。树立科学发展观，建设和谐社会，就是要统筹人与自然和谐发展，实现人与自然的和谐，人与社会的和谐，人与人之间的和谐。而"最聪明最有远见的办法"，就是正确处理经济发展与环境保护的关系，其核心也正与努力推进的以保护环境优化经济增长的道路相吻合。

当前和今后一个相当长的时期，我国还将处在社会主义初级阶段。在这一阶段，发展生产力，搞好经济建设，是全党、全国的中心工作，以经济建设为中心的目标不可动摇，也是环保系统的目标。如何理解环境保护和经济增长之间的关系，是必须要弄清楚的问题。

　　对于处理环境保护和经济增长之间的关系，存在着诸多不同见解。一种观点认为，环境保护和经济增长的矛盾是不可调和的。认为只要发展经济就会破坏环境，经济增长的代价就是对环境的破坏，没有什么值得大惊小怪的，应该先把经济建设搞上去，等经济发展以后再抓环境保护，牺牲环境来换取经济增长是必然的和可行的。第二种观点认为，环境保护与经济增长之间的矛盾不可调和，应该先保护环境，后发展经济，也就是经济增长要为环境保护让路。第三种观点认为，环境保护和经济增长之间没有矛盾，完全可以同步发展。第四种观点认为，环境保护和经济增长之间有矛盾，但仍可以把两者有机地统一起来。

　　从哲学角度看，环境与经济的关系既对立又统一。一方面，经济增长和环境保护之间有对立的一面。不管你承不承认，只要经济增长，尤其是经济高速增长，都会给环境造成一些负面影响，不能回避和否认这个现实。另一方面，环境保护和经济增长又不是完全对立的，经济发展达到一定的阶段，就有相应的物质等作为保护环境的支撑，使环境保护有物质保障，从这个角度讲，环境保护与经济增长之间又是统一的。所以，不能把环境保护和经济增长绝对地对立起来。

　　环境保护与经济增长在不同的条件下，它们之间对立与统一的程度是不一样的。在经济发展的早期阶段和后期阶段，两者矛盾稍小一些，因为在早期阶段的经济规模较小、环境容量大，在后期阶段经济实力强、治理力度大。这两种情况下，环境与经济都容易相处，统一性大于对立性。而在这两种阶段之间的中间阶段，环境压力大而经济实力没有达到足够强，环境与经济的矛盾最突出，两者处在相持或双双受阻的困境之中，对立性大于统一性。

按照库兹涅茨曲线理论，不同国家环境污染状况出现转折的时间不同，各种污染物出现转折的情况也有所差异。但总的来看，工业化起步越晚的国家，出现转折时对应的人均 GDP 越低，所用的时间越短。据 OECD 的研究，西方发达国家大多在人均 GDP 超过 8000～10000 美元时，环境污染才出现下降的趋势，而新兴工业化国家人均 GDP 处于 2000～4000 美元时，环境质量就出现改善的趋势。分析原因，主要取决于对环境保护认识的早晚，处理环境与经济关系是否得当，经济结构优化速度的快慢、科学技术发展水平的高低、环境投资力度的大小和环境管理力量的强弱等。

我国目前仍处在上述早期阶段向中间阶段的过渡时期，是环境与经济矛盾最尖锐和最敏感的时期，也是在处理环境与经济的关系上最需要智慧和谋略的时候。这个时候特别需要根据经济发展的阶段特征来协调环境与经济的关系。只有认真把握了这个特征，以经济增长带动环境保护，用环境保护为科学发展保驾护航，使经济增长与环境保护实现完美的和谐统一。

冲突选择须有方

保护环境是一种新的价值观念，也是一种新的生产方式和社会生活方式。温家宝总理在第六次全国环境保护大会上提出的"三个转变"，反映了国家环保执政理念的重大调整——把环境与经济之间的"主次"、"先后"、"单向"关系，转变为"并重"、"同步"和"综合"的关系。

这个重大的环保执政理念调整，是基于我国环境与经济关系的转机，是在总结我国经济发展经验教训的基础上作出的战略选择。首先，在经济发展的早期阶段，发展经济和保护环境都需要资源，也争夺资源，难免顾此失彼，总体上是以牺牲环境换取经济增长的。即客观上损失了一部分环境质量和环境福利来获得经济增长，而且也确实取得了较快的经济增长，极大地改善了人民生活，同时也出现了比较多和比较严重的资源和环境问题。所以客观上容易走上牺牲环境换取经济增长的道路，这是当时的特殊国情所决定的。在这个阶段，环境保护是不可能与经济发展"并重"和"同步"的。其次，人们对于经济发展中的环境问题及其变化规律都有一个学习和认识过程，有时候需要付出较多的"学费"才能取到"真经"。在这个学习过程中，把环保由"次要"、"滞后"的地位转变到"并重"、"同步"的地位，要经过一段感悟、觉醒和决策的时期，这当然要经过对环境与经济关系规律的不断总结和深化。在我国经济发展进入一定阶段后，不失时机地提出用科学发展观统领经济社会发展全局，实现"三个转变"，用强烈的国家意志和适当的政策策略来克服和转化环境与经济的矛盾，正说明对于环境保护客观规律的认识在不断地提高。可以说，环境保护已成为优化经济增长的一个有利因素，这个判断为"三个转变"的提出提供了思想基础。

所谓保护环境优化经济增长，就是指把环境保护作为一种手段，使之改善和促进经济增长，从而达到环境保护与经济发展的双重目标。在这个阶段，环境不再是被经济增长所牺牲、排斥的因素，相反是促进和改善经济增长的因素，"环境保护要为科学发展保驾护航"，就是指的这种情况。为什么只能走、也必须走以保护环境优化经济增长这条道路呢？

第一，牺牲环境的经济增长是不健康的增长，也是不可持续的增长。党的十一届三中全会针对当时我国国民经济状况，及时提出把全党的工作重点由以阶级斗争为纲调整为以经济建设为中心。实践证明这个决策是十分英明、非常正确的。党的十一届三中全会以后，各级党委、政府，各行各业，都认真响应党中央的号召，坚持以经济建设为中心，全心全意发展经济。历史地看，走这样一条道路，在当时急于提高人民群众的物质文化生活，追赶世界发展水平且在环境容量有较大余地的情况下，既是不得已而为之，也有一定的客观性。但在一些地方和部门，也出现了盲目追求经济增长，不顾经济发展实力，不顾当地自然资源状况，不顾环境承载能力而盲目发展经济的情况。在不少地区特别是经济发达地区出现了严重的环境问题。这种以牺牲环境换取经济增长的方式，给人民生命安全带来隐患。在这种经济增长方式下，资源得不到合理利用，环境被破坏，经济增长也不可能持续下去，这种牺牲环境的经济增长既是不健康的，也是不可能持续的。当经济增长达到一定程度以后，这种增长方式必须有一个重大改变。

第二，放弃经济发展来保护环境，是悲观主义的偏激观点。鉴于目前一些地区和行业盲目追求经济增长，造成大量资源浪费和环境破坏的严重现象，有的同志片面认为，应该放弃经济发展保护环境，提出先环境保护后经济发展的观点，实际上就是要经济发展为环境保护让路，以牺牲经济的增长来换取环境。他们认为道理很简单：一是我国的经济增长太快，经济发展已经达到了一定的水平；二是发展经济的最终目的是提高生活质量，而破坏环境就是破坏生活质量。这种观点，表面上看起来有一定的道理，其实是不正确的。

从经济发展的历程来看，我国以工业化为核心的经济发展已经进行了半个多世纪，除了"文革"特殊时期，实现经济快速发展一直是首要的国家战略，采取计划经济还是市场经济只是不同的经济体制选择。之所以要把经济发展放在国家事务的首位，道理很简单：经济实力是决定一个国家社会状态和国际地位的根本因素。一个国家，不论其军事手段如何强硬，如果没有强大的经济实力，都不可能有稳固的国家内政和必需的国际尊严。中华民族的百年屈辱历史和未来生存挑战都极大地强化着发展意识。所以，经济发展实际上是我国长期不变的社会主流意识，是不以人们意志为转移的客观要求。

环境保护，是整个国家建设的一个部分，离开了经济增长的环境保护，从思想上讲，是自然主义的观点，没有用发展的眼光看问题。辩证地看待这种观点，是没有处理好局部和全局的关系，片面地强调环境保护，忽视经济增长，只见树木，不见森林。实际上离开了经济增长的环境保护，既没有保护环境的资金支持，也失去了保护环境的必要。

第三，以保护环境优化经济增长是环保工作的必然之路，是处理经济发展和环境保护关系的正确选择。正确处理环境保护与经济增长之间的关系，是一个世界性的难题，也是当前我国发展中面临的一个重大课题。在科学发展、建设和谐社会的时代背景下，处理好环境与经济的关系，无论是对经济的健康发展，还是对整个社会的发展进步都具有至关重要的作用。经济增长、科技进步将直接为环保工作提供强大的动力和支撑，而保护环境又将成为优化经济增长的重要手段和有力保障。

既要保持经济增长，又要搞好环境保护，处在两难选择中的环保工作如何做好，是新时期面临的重大课题。只有用保护环境来促进经济增长的优化，才能比较妥善地处理好经济增长和保护环境之间的矛盾，在保护环境和经济增长之间做到有机结合，相互促进。环境之于经济，犹如考试之于学生，虽然考试增加了学生的压力，但也促使学生提高了成绩。环境保护的这种性质，在我国经济发展达到一定阶段后就表现得越来越明显，这就说明环境优化经济增长是完全可能的。

他山之石可攻玉

他山之石，可以攻玉。历史性转变的核心是环境优化经济增长，环境优化经济增长是一个普遍适用的发展方式。国际上经济与环境同步发展，实现环保工作历史性转变，以保护环境优化经济增长的类型粗略地可归结为三种。

绝路逢生型

美国、德国等国家都曾在对环境问题缺乏认识的情况下，出现过严重的环境危机，面对强大的社会压力，都曾置之死地而后生，采取严厉的环境政策推动了历史性转变，通过保护环境优化了经济增长。

20世纪60年代以前，美国处于唯经济发展的时期，环境问题还没有引起足够重视。1944年发生的洛杉矶烟雾事件、1948年出现的多诺拉事件，都敲响了必须加强环境保护的警钟。20世纪60年代末和70年代初，美国以《国家环境政策法》《清洁空气法》《清洁水法》《安全饮用水法》为标志，告别了唯经济发展的时期。特别是《国家环境政策法》，要求一切重大行动都要进行环境影响评价，既开创了世界环境影响评价的先河，又找到了以保护环境优化经济增长的重要途径。自 1970 年开始实施《清洁空气法》的 20 年内，30 岁以上的人群中早衰死亡人数减少了 18.4 万例，急性支气管炎患者减少了 970 万例。

二次世界大战后，德国经济迅速发展，严重的环境污染问题也随之而来。从 20 世纪 70 年代开始到 90 年代初，德国实现了第一次转变，国家战略从经济发展优先逐步向经济发展与环境保护相互协调调整。至 20 世纪 90 年代，德国的环境质量已得到了很大改善。河流清洁了，空气污染比以前减少了许多，固体废弃物和危险废弃物也都得到了管理和控制。从 20 世纪 90 年代中期至今，从提高环境保护效率出发，德国又将环境保护全面融入社会经济活动中。2004 年以来，实行了整体性物质流管理战略，努力将垃圾流变成资源流，在避免垃圾处理二次污染的同时，增加了就业机会，实现了第二次转变，在保护环境的同时有效拉动了经济的增长。

德国的法律规定，无论是生活还是生产污水都必须经过无害化处理才能排放。德国为此在全国范围内实施了统一的污水无害化处理排放标准，这个标准随着科技的不断进步而经历着同步调整。

德国目前生产和生活污水的无害化处理率将近 100%，德国公共污水管网的覆盖规模达到了其总人口的95%。在全德国境内，一共有超过一万个污水净化设施。污水管网的总长度为 51.5 万公里，可以围绕地球 13 圈。公共污水处理能力达到每年 94 亿立方米。德国 2000 年每立方米污水无害化处理的成本约为 2.27 欧元。大型的工矿企业都拥有自己的污水处理厂。

在生活污水排放上，德国规定所有的住房在建设时就必须安装合乎标准的污水排放管线。这些污水排放管线除了要保证居民的身体健康（没有异味及致病物溢出）外，还必须纳入公共污水管网，并通过净化装置进行无害化处理。自 1993 年以来，通过推广采用不含磷的洗涤剂，德国生活污水中的磷含量显著下降。

自 2000 年以来，德国居民每年平均要缴纳 113.51 欧元的污水排放和处理费。这一缴费标准近年来几乎没有变化。

英国泰晤士河也是经历了两次污染、两次治理，最后取得成功，成为世界环境保护史上的一个成功范例。

泰晤士河全长 444 公里。在 18 世纪，这里是一个著名的鲑鱼产地，河流清澈见底，水产丰富，野禽成群，风景如画。19 世纪上半叶，伦敦发生了巨变，由于大英帝国迅速扩张，伦敦承担了全世界 1/3 的世界贸易。工业革命使人们走出传统的手工业作坊，走进了工厂。化学和煤气制造业产生废物的污染尤为严重。加上由于人口的迅速增多，带来的大量生活废弃物直接进入水体，至 19 世纪中叶，泰晤士河的气味已是臭名昭著。维多利亚女王及其他达官显贵坐船穿过泰晤士河时，也不得不把一束鲜花遮在面部以阻挡臭气。而国会两院附近的臭气极大地干扰了议员们的正常工作，他们不得不把浸渍了消毒剂的布单挂在窗上以去除臭气。更为严重的是，饮用受污染的水导致了疾病的传播，霍乱几度肆虐并导致多人死亡。迫于公众的压力，泰晤士河从1850 年开始治理。当时采取的主要措施是，修建污水管道，同时，还在沿岸修筑了堤坝，把河流限制在窄渠中，通过提高流速，减少低流速下污染的污泥产生的有害气体量。上述措施虽然暂时缓解了河水的污染，但由于污水未经处理，在贝肯到克罗斯尼斯三公里的河段集中排放，不久，排水口附近形成泥岸，附近居民怨声四起，纷纷投诉。1878 年 9 月 3 日，满载 800 人的"女王爱丽斯号"在泰晤士河沉没，船上有 650 人丧生，引起举国震惊。事后调查发现，大多遇难者并非溺水而死，而是因河水严重污染中毒而亡。1889—1891 年，英国政府分别在贝肯和克罗斯尼斯建立了污水沉淀池，使泰晤士河北部排污口的水质有了明显改善。1893 年监测表明，无论是从化学分析的结果还是生态状况看，泰晤士河都有了很大改观，一度绝迹的雅罗鱼、石斑鱼、银鱼再度出现。

泰晤士河第二次水质恶化发生在 1900—1950 年。进入 20 世纪，伦敦人口激增，到 20 世纪 30 年代末，人口已超过 800 万，向水中排放的污染物数量也在日益增多。随之，泰晤士河水质加速恶化。到 20 世纪 50 年代末，泰晤士河水中的含氧量几乎等于零，鱼类几乎绝迹，美丽的泰晤士河变成了一条死河。

从 1950 年第二次治理开始，分三个阶段进行。第一阶段是 1950—1965 年，为治理有效阶段；第二阶段是 1965—1969 年，为治理见鱼阶段；第三阶段是 1969 年到现在，为巩固提高阶段。

为保障水供给，伦敦开始了泰晤士河水质的监控并加强了污水处理。20 世纪初，伦敦建设了数百座污水处理厂，形成了完整的城市污水处理系统，进行污水氯化处理，极大地提高了饮用水供给质量。有关法律规定，泰晤士河沿岸生活污水必须先集中到污水处理厂，经过沉淀、消毒处理后才能排入泰晤士河，污水处理费用计入居民自来水费中。工业废水必须由企业自行处理，达标后才能排进河里。没有能力处理废水的企业可交纳排污费，将废水排入河水管理局的污水处理厂。检查人员不定期到工厂检查，那些废水排放不达标又不服从监督的工厂将被起诉、罚款甚至停业处罚。

英国政府下决心对泰晤士河水资源分配管理和水污染防治进行全面综合治理。政府通过立法，对直接向泰晤士河排放工业废水和生活污水作了严格的规定。为了解决大气中烟尘对泰晤士河的污染，有关部门制定了严格的工业废气排放标准、并限期达标，一些污染严重又不认真治理的工厂被关闭。英国政府于 1963 年颁布了《水资源法》，并依法成立了河流管理局，实施了地表水和地下水取用的许可证制度。从 1973 年颁布新《水资源法》开始，逐步形成了一体化流域管理的模式。约 1600 个独立的与水资源有关的机构联合划分为十个地区水资源管理机构，此举被欧洲誉为"水业管理体制上的一次重大革命"。地区水资源管理机构的职责是处理所有与水有关的事宜，包括供水、废水处理和河流整治，此外还承担审查发放取水许可证和调整污水排放协议的责任。

经过 100 多年治理，现在，伦敦市中心著名的伦敦塔桥河段可见到清澈的水流，垂钓者亦可钓到名贵的鲑鳟鱼。因为水中溶解氧的饱和率达到 35% 以上，鲑鳟鱼才能成活，所以它们成了人们检验河流水质清洁程度的一种标志。19 世纪 30 年代从泰晤士河中消失的三文鱼，到 20 世纪 70 年代又在改造后的泰晤士河中重现。据调查，现已有 100 多种鱼和 350 多种无脊椎动物重新回到这里繁衍生息。泰晤士河重新焕发出了生机。

现在乘船游泰晤士河也成为伦敦主要的观光项目之一。风景优美的南岸还特辟了全长 1.6 公里的滨河小道，禁止汽车通行，专供百姓散步健身。伦敦市民也越来越注意爱护泰晤士河，一些民间环保组织还动员学校将课堂搬到泰晤士河的水面上，向学生讲述这条大河的历史，加强人们自觉保护这条"母亲河"的意识。

从上述例子看出，泰晤士河第一次治理发生了反复，主要是这一时期经济与环境的关系并未发生质的变化。而泰晤士河水质发生根本变化是从 20 世纪 50 年代初到 60 年代末的 20 年中。严格工业环境管理，推进了经济结构的优化升级，同时，投资向城市污水处理厂和环境治理的倾斜，提高了流域污染防治能力。在保护环境优化经济增长方面迈出了巨大步伐。

1992 年里约环发大会后，英国制定了可持续发展战略。2005 年 3 月，英国政府发布了题为《寻求未来安全》的最新可持续发展报告。提出了五大指导原则：第一，承认自然资源、环境对人类的制约，认为人类应在改善环境、不破坏资源的前提下生存与发展；第二，建立公平和谐社会，改善民众福利，创造平等机会；第三，保持经济强劲、平稳、可持续地增长；第四，建立高效、全民参与的良政体系；第五，政府科学决策，充分考虑公众意见。这个报告充分体现了经济发展、社会进步、环境保护三大支柱的均衡发展，标志着英国也正在发生新的一次以保护环境优化经济增长的历史性转变。

奋起直追型

从 20 世纪 60 年代到 70 年代初期，日本经济年均增长高达 10%，在创造了世界经济发展奇迹的同时，沉重的环境灾难也摆在人们面前。20 世纪五六十年代，世界八大公害中日本就占了四个：日本水俣病事件、四日市哮喘病事件、爱知县米糠油事件、富山骨痛病事件。

以日本水俣病事件为例，水俣是位于日本九州岛熊本县南部的一座滨海小城，100 年前，这里还是一个小渔村。日本氮肥公司水俣工厂的开工，彻底改变了这个小渔村的命运。当很多人在为家人和亲朋好友到公司上班而欢欣鼓舞的时候，一场厄运却悄然而至。公司开业 50 年后，当地居民经受了身心俱焚的痛楚。从 1932 年开始，氮肥公司在生产中开始把汞作为催化剂，含汞废水未经处理即直接排入海湾，先是在鱼贝类体内富积，之后通过食物链使食用水产品的人或动物、鸟类中毒发病。在确诊之前，那些病人不仅饱受病痛的折磨，还深受社会的歧视、嘲笑甚至封锁和隔绝，如同"麻风病人"，只能"昼伏夜出"，造成严重的心理创伤。1956年日本熊本医学院认定导致病人神经系统产生病变的原因是含汞废水。但氮肥公司依然我行我素，排污行为一直延续了12年后，到1968年才停止。长达36年的排污行为，所造成的直接经济损失以及为消除损害所支付的费用高达3000亿日元，使水俣湾成为"遗恨之地和永远恸哭之地"。

面对如此窘境，日本一开始寄希望于在不妨碍经济发展的情况下保护环境，如1967年制定的《环境污染控制基本法》第一条规定，立法目的是"保护国民健康和维护生活环境"，但同条第二款又规定，"保护生活环境"应"与经济健全发展相协调"。在强大的压力下，1970年召开的64届国会，确立了环境优先的原则。20世纪70年代政府颁布修订的《公害对策基本法》等项法律，删除了"维护生活环境与经济发展相协调"的条款。

实行世界上最严格的环境标准，不仅没有妨碍经济发展，而且有力地促进了产业结构的调整和优化。日本从1975年到1980年，工业氮氧化物的排放量由61.5万吨降至54万吨；二氧化硫由110.9万吨降至72万吨，五年中分别下降了12%和35%。而日本防治公害的投资在 1975 年达到顶峰后逐年减少，到 1980 年只有 1975 年的 1/3，可见产业结构优化贡献之大。以环境优化促进经济增长为日本的环境保护注入了极大的活力，经过十几年的努力，基本解决了产业污染问题，创造了世界环境保护的奇迹。

日本是一个岛国，资源十分有限，资源利用率和污染排放强度都曾经处于世界前列。他们自加压力，在新世纪初开始第二次转变。他们通过反思认为，日本已形成了一个资源浪费型的社会经济结构，"大量生产、大量消费、大量废弃"，仅靠传统的末端处置的办法，解决不了废弃物问题，而且浪费了大量资源，需要引入循环型理念来改造整个社会经济系统，并将 2000 年定为"循环型社会元年"。日本是世界上循环经济法规体系最完备的国家，制定了基于"生产者责任延伸制度"的《推进循环型社会形成基本法》，2003 年制定了《推进循环型社会形成基本计划》。通过环境与经济的高度融合，使控制污染的效率得到显著提高，最终实现减量化、资源化、无害化的目的。

韩国 20 世纪 70 年代以后强有力地推进重化工业，城市化速度超过了日本。韩国也曾寄希望通过侧重于经济增长并促进环境与经济协调的思路处理两者的关系，结果也付出了沉重的环境代价。1988 年以来，韩国确立了全面向"侧重环境保护型的协调主义"的转换，经济发展政策与环境保护政策开始融合，经济结构发生重大变化，环境治理力度不断加大，工业污染在总污染排放中的比重大大下降，城市空气质量也有了显著改善。

跨越发展型

在历史上，新加坡城市规划也曾存在严重问题。人口过分集中在城市中心的狭小区域，环境脏乱，经常发生传染病，威胁居民生命安全。作为一个人口稠密和高度城市化的岛国，独立后的新加坡政府充分认识到，不大力保护环境就难以生存。在工业化初期，随意倾倒垃圾、排放废水和废气的现象较为严重。但环境问题暴露后，他们立即转变发展思路。1971年，新加坡政府提出城市"环型发展计划"，即环绕主岛进行建设。城市实行功能分区，将工业区与居住区分离，重工业区远离居住区，重污染大型企业建在岛屿上，避免市区环境污染，保护市民健康。从20世纪60年代中期到80年代后期，新加坡的环境保护工作以政府为主导，加强环境保护的机构建设，建立环境保护的法律框架和管理体系，在土地利用规划指导下开展环境基础设施建设，并进行认真的污染治理。经过20多年的努力，建立了比较完善的城市环境基础设施，拥有了一个清洁和健康的环境，成为一个举世闻名的花园式城市。实践证明，实现保护环境优化经济增长越早越主动，越晚越被动。

在调整经济发展与环境保护总体格局的同时，发达国家保护环境的手段也发生了重大变革。环境政策可以分为命令控制型环境政策工具和基于市场的环境经济政策手段。命令控制型政策包括颁布环境标准、发放许可证等，在控制污染方面有不可替代的作用，但执行起来需要庞大的执行队伍和高额的执行成本。为了降低执行成本，同时获得理想的环境效果，许多国家开始在环境管理中运用以市场为基础的环境政策手段。经济合作与发展组织在1972年就提出并采纳了"污染者付费原则"。20世纪80年代以来，环境经济政策的应用范围迅速扩展，发达国家普遍采取了环境税或排污收费手段。1989年英国在英格兰和威尔士的废水部门实行私有化。从1990年开始，美国实行二氧化硫排污交易，丹麦、芬兰、荷兰、挪威、美国和瑞典等国相继开征了碳税等。这些环境经济政策的实施，有力地促进了经济结构的优化升级。

失败令人警醒，教训发人深省，经验给人启发。发达国家昨天走过的路，或许就是今天我们正在经过的历程。通过深刻反思环境污染的教训，认真总结环境保护的经验，人类社会对环境问题实质的认识不断深化。以

1992 年的里约环发大会为标志，许多国家都已踏上了保护环境优化经济增长的新征程。

探索不辍觅真章

保护环境是一种新的社会文明，不是要人们安贫乐道，固守自然经济条件下的生活方式，而是要使最广大人民群众享受更加富裕、幸福、美好的新生活。这样的新生活，是在逐步实现中国特色工业化、现代化的历史进程中，必须由中国人民自己去创造的。

环境保护与经济发展、社会进步一道，是可持续发展的三大支柱。"三足鼎立"，才能实现可持续发展。如果"一条腿长、两条腿短，或者"两条腿长，一条腿短"，可持续发展的大厦都不会稳固。经济增长是环境保护的物质基础，只有经济增长了，国家才有能力加强环境保护。因此，在协调经济增长与社会进步、环境保护的关系中，经济增长必然得以优化。

环境保护是宏观调控的三大领域之一。国务院领导同志把经济宏观调控形容为"人"字形，上边是法规、政策、标准等，左边是资源承载能力，右边是环境承载能力，因此，通过与环境承载能力的不断适应，经济增长必然得到优化。

环境保护关系我国的经济安全和可持续发展，关系子孙后代的幸福生活，关系中华民族的伟大复兴。从一定意义上讲，保护环境优化经济增长就是环保理论和实践的大胆探索，是求解我国未来发展问题的重大突破，也是破解环境保护这一世纪性难题的关键手段。

保护环境优化经济增长的提出预示着我国经济社会和环保事业发展跃入一个崭新阶段。近年来，一些地区、一些行业也在这一领域进行了卓有成效的探索和实践。我国环境保护在调整产业结构和布局、转变经济增长方式、带动经济发展、促进技术进步、优化城市布局等方面已取得初步成效。

加快产业结构和布局调整

产业结构和布局的优劣是经济社会发展的决定性因素之一。目前在我国三次产业结构中，第二产业比重偏高，第三产业比重偏低。在工业内部结构中，高耗能行业所占比重过高。这就造成了过多地依赖拼资源、拼消耗、拼数量的落后发展模式。要转变旧的发展模式，就必须把经济社会切实转入科学发展轨道，走出一条大力调整产业结构布局、积极创新发展模式的新路来。而依靠保护环境来优化产业结构和布局则是题中应有之义。

天津市坚持"高水平是财富、低水平是包袱"的理念，提出"凡是不符合环保要求的就是低水平的。"严格执行建设项目环境影响评价和"三同时"制度，2002—2004年，共否决建设项目757个。注重用高新技术改造传统产业，追求技术水平最高、付出成本最低、环境污染最小，努力实现用先进水平组合天津的经济总量。在工业结构调整中，以淘汰高能耗、低产出、重污染的生产工艺为重点，对国有老工业企业进行升级换代，形成以电子信息、汽车、化工、冶金、医药、新能源及环保等六大支柱产业为代表的优势产业。在第三产业结构调整中，以海河综合开发改造为契机，加快发展现代服务业，对海河沿岸244家企业进行拆迁重组，建设金融、旅游、商贸、文化、休闲和现代城市生态景观设施，形成独具特色的服务型经济带、文化带和景观带。在农业结构调整中，注重由传统农业向沿海都市型农业转变，着力推进绿色无公害农产品基地建设，大力发展设施农业、有机农业和观光休闲农业，使传统农业污染明显减少。

沈阳市则按照环境保护模范城市的要求，根据有进有退的原则，对全市产业进行大规模整合，淘汰落后企业，治理重污染行业，消除高能耗、高物耗、高排放企业，集中发展汽车及零部件、装备制造、电子信息、医药化工和农产品深加工五大支柱产业。工业企业最集中、工业污染最严重的铁西工业区，在三年中通过对150家企业实施"东搬西建"，原城区内消除了市民深恶痛绝的黑烟、黄龙和污水等，而且工业增幅高达40%以上。环境保护推动了城市空间布局。装备制造业向西部迁移，汽车产业在东北部发展，高新技术产业向南部集中，现代农业加工业向北部挺进，生态旅游业向东部蔓延，将城市中心区转换成金融商务等第三产业和居住区，从而改变了以工业生产为主、生产企业与居民区混杂的城市总体布局。全市新崛起的五大支柱产业的产值占全市规模以上工业总产值的70%以上。城市工业企业密度已由"九五"期间的每平方公里14.5个，下降到2004年的1.7个；建成区的工业用地也下降了20多个百分点。过去工厂林立、黑烟滚滚的铁西老工业区内的北二马路、兴顺街等五条工业街路，现在也全部变成了商贸物流街。

推动增长方式转变

从以牺牲环境换取经济增长到保护环境优化经济增长，不仅是社会发展模式、发展道路的深刻变革，而且是经济增长方式的深刻变革。反思工业化道路，重新认识资源环境的有限性、稀缺性，以最小成本实现资源的最优配置，以最小的环境污染获取最大的社会经济效益，成为当代经济发展理论的重要方向。在实践层面，循环经济、清洁生产等已逐渐被人们所认识和接受，成为新兴的生产方式和经济手段。

天津市自 2002 年起，在城乡建设中推广循环经济，在区县经济发展中强化循环经济，在产品生产、流通和消费环节促进循环经济，使循环经济由传统型的废物综合利用为主，提升到再循环、再制造为主的阶段，为实现资源利用效率大幅度提高，废物最终处置量大幅度减少发挥了重要作用，带来了显著的经济效益、社会效益和环境效益。以钢渣、碱渣、粉煤灰治理为代表的工业固体废物综合利用取得重大突破，年产 50 多万吨钢渣、240 多万吨粉煤灰 100% 得到综合利用，近百年堆存的 2400 万立方米碱渣建成占地 33 万平方米的紫云公园，成为国内唯一利用工业废料建设的环保型公园。以开辟非常规水源为重点的水资源循环利用已初具规模，建成纪庄子五万吨和开发区三万吨再生水工程，完成再生水回用工程 19 项，2004 年全市 600 多万平方米住宅实现再生水入户，约 6000 万吨再生水用于生态环境。以推广使用可再生能源为重点的新能源开发利用工作不断取得新进展，在改燃清洁能源的同时，广泛利用太阳能、沼气、地热等新能源，太阳能洗浴、供暖也形成一定规模，沼气已得到广泛推广，地热采暖利用规模达 940 万平方米，占全国地热采暖总面积的 77%。

带动经济发展

环境保护不仅能够保证人们喝上干净的水、呼吸新鲜的空气、生活在优美的环境中，它本身也是生产力，能够形成带动经济发展的朝阳产业。目前，环保产业已经成为国民经济新的增长点。2004 年，我国环境保护相关产业收入总额已达到 4572.1 亿元。而一些地方也在实践中将环境作为资源和资产，不仅带来环境效益、社会效益，而且拉动了经济增长，带来显著的经济效益，成为后劲十足的新兴产业。

无锡市把治理污染与城市规划建设相结合，牢固树立"环境就是资源、资产和资本"的理念，积极利用市场机制发展环保事业，使环境资本运作步入了"运用环境资产——多渠道筹措资金——用于整治工程——环境改善和优化——环境资产增值"的良性循环。市政府通过银行借贷等先后投入六亿多元重点对五里湖进行了综合整治，全面实施退渔还湖、清淤调水、绿化造林、景点开发等工程，使五里湖水环境状况明显改善，带动和提高了周边区域的综合功能和资源价格，良好的环境经济效益又反哺环境综合整治，从而实现环境与经济的良性互动和循环。2003 年 8 月，无锡市成功出让了五里湖边的 1 号地块，成交价达到 16.7 亿元。预计五里湖综合整治基本竣工后，其产生的经济净效益将达到 50 亿 ~ 60 亿元，潜在的环境优势将转化为巨大的经济优势。

促进技术进步

保护环境是推动技术进步的重要力量，反言之，只有提高了我国的自主创新能力，加快技术进步，才能更好地保护环境，使二者形成有机的统一。

我国在改革开放初期引进国外汽车生产技术的时候，对汽车尾气排放标准要求并不是很高，甚至把尾气治理生产线和车上的尾气净化装置给省略了，这样做的目的是为了降低成本，使当时还不富裕的人们能够用得起汽车，满足人民对汽车生活的强烈渴望，当然付出的代价就是汽车尾气污染加重，城市环境质量下降，这就是环境换取增长的阶段。到了现在，随着汽车数量大增，城市大气环境容量越来越小，公众对环境质量的要求日益提高，原来那种发展方式就不能再延续了，而必须把尾气排放标准提高。这个环保标准的提高，所引起的结果不仅是改善了城市大气环境，而且引起了汽车工业本身的大幅度变革，那些落后的、污染严重的汽车生产技术被逐步淘汰了，新的先进技术和工艺得到开发和应用。现在再看我国的汽车工业，哪里还有 20 世纪八九十年代那些落后技术的影子？反而是，汽车环保水平提高后，能够满足国际上较高的环保标准要求，又有较强的价格竞争优势，所以我国也开始成为汽车出口国，打入欧美和发展中国家市场。类似的例子绝不仅限于汽车工业发展，而是可以在整个经济体系中得到体现，这说明在到达一定的发展阶段后，环境保护的要求可以促使传统工业脱胎换骨，实现科学发展，这是环境优化增长的一个典型。

优化城市布局

我国工业化、城市化进程发展迅猛，城市建设正成为各地经济社会发展的重要引擎。而在城市现代化发展中，保护环境的重要性日益凸显，开始以规划环评、功能区划分、环境治理等手段优化城市布局。

一是以规划环评优化城市整体生态建设格局。2006年4月，国务院批准了天津市城市总体规划（2004—2020年）的修编。这次城市总体规划的修编对天津的城市性质作出了明确定位，天津是环渤海地区经济中心，要努力建设成为国际港口大都市、我国北方的经济中心和生态城市。在总体规划修编过程中，对规划进行了环境影响评价，提出在城市整体生态建设格局中，要进一步强化海河生态廊道的建设。从入海口上溯到北运河武清地带，这是天津工业最集中，人口最密集，能耗、水耗最高，城市热岛最严重的地区，也是天津建设宜居的生态城市最重要的地区。建议总体规划中应当明确要以生态补偿为重点，提出相应的控制与建设方案，在此基础上进一步加强沿海生态廊道建设，同海河生态廊道一起形成与 T 字形发展战略相吻合的生态建设格局。

二是以功能区环境保护优化城市布局。城市布局不合理是影响区域环境质量的重要问题。天津市在努力达到功能区环境质量标准的过程中，有力地推进了工业集中和产业升级。中心城区有 210 家企业迁入东部六个工业园区，并进行脱胎换骨的改造，实现了产业升级、产品升级、技术升级，全市形成了中心城区、外围城区、东部地区，分别以都市服务业、高新技术产业、滨海工业为主的产业格局。城市空间布局发生了翻天覆地的变化，过去那种工业、商业、民居交互混杂的状况得到了有效改变，资源配置更加优化，集约型发展模式已现雏形，区域环境污染问题得到有效解决，走出了一条投入少、产出高、消耗低的新型工业路子，工业对资源环境的压力明显减小。

三是以环境治理优化城市环境承载能力。天津市在环境治理优化城市环境承载能力方面：第一，实施以保护水源和河道治理为重点的碧水工程。投资 24 亿元，全力做好引滦水源保护，饮用水水质达标率保持 100%。先后对津河等 14 条 191 公里河道实施综合治理，实行沿河截污、清污分流，城市水环境质量得到明显改善。加快城市污水处理厂建设，到 2005 年底，全市污水日处理能力达到163 万吨，生活污水处理率提高到 71%。第二，实施以改燃和控制扬尘为重点的蓝天工程。市财政建立改燃专项资金，每年投入 5600 万元，对全市现有燃煤设施改燃和拆除并网工作提供补助资金或政府贴息贷款。到 2005 年底，全市共有 11344 台（眼）燃煤的茶炉、大灶及 2 吨 / 小时以下燃煤设备改用电、气等清洁能源，6208 台 2~10 吨 / 小时燃煤设备实现改燃清洁能源或拆除并网。第三，实施以控制噪声为重点的安静工程。全面完成噪声功能达标区划工作，对各类噪声进行专项治理，建成了 97 个安静居住小区。第四，实施以建设示范项目为重点的生态工程。开展了生态功能区划工作，完成了全市生态环境现状、生态环境敏感性和生态服务功能评价分析。全市共创建生态村 113 个，全国环境优美乡镇四个，国家级生态示范区两个。第五，实施以综合治理小化工为重点的工业污染防治工程。对西堤头镇、张家窝镇等七个小化工企业集中区域实行重点监督管理，同时加大了小化工集中区域的环境综合整治和生态恢复工作。第六，实施以绿色创建为重点的创模细胞工程。共建成一个国家级、两个市级环保模范城区和70个市级环保模范社区，九万余户绿色家庭、410多个绿色社区、620所绿色学校。激发了全社会保护环境的热情，形成了人人关心、普遍参与的良好氛围。

此外，还可通过环保计划优化国民经济和社会发展总体规划。天津市环保工作始终坚持"保护环境打经济牌，发展经济打环境牌"的理念，努力使环保工作贴紧经济、长入经济。在这种理念指导下，编制实施了环境保护"十五"计划，优化了城市国民经济和社会发展目标。天津环保"十五"计划的主要内容可以概括为"一二三四五六"：建立一种经济发展高增长、资源消耗低增长、环境污染负增长的新的发展模式；努力实现环境质量达标和生态环境改善两个总体目标；坚持三个并重，即污染防治与生态保护并重，强制性执法与自觉性环保行为并重，消耗一次资源的动脉产业与回收再利用为主的静脉产业并重；努力促进经济增长方式、产业结构、城市布局和环境管理四个转变；组织实施《海河流域天津市水污染防治规划》《天津市大气污染综合防治规划》《天津市自然保护区发展建设规划》《渤海天津碧海行动计划》和《天津市生态环境建设规划》

五个规划；完成蓝天、碧水、安静、生态保护、工业污染防治和环保模范城市细胞工程等六大工程。

看似寻常最奇崛，成如容易却艰辛。这些地方和行业在以保护环境优化经济增长的摸索中经历的种种冲击、碰撞和艰难是不言而喻的。但他们想方设法消弭了误解、疑惑，顶住了阻力、压力，为大力倡导、推广保护环境优化经济增长的理念与模式提供了弥足珍贵的标本和难能可贵的经验。

强矢重典促优化

在处理经济发展和环境保护关系的过程中，既不损害环境，又能够达到经济增长的目的，是非常理想的。很多专家从理论上都能提出较好的解决办法，但在实践中把握好这个度还是比较困难的。保护环境优化经济增长，只能"摸着石头过河"，只有按照"实践——认识——再实践——再认识"的基本原理去大胆探索，形成一条正确处理环境与经济关系的具有中国特色的环境保护之路。其构成要素包括：

第一，从环境保护层面对经济发展提出基础性要求。环境是发展的基础，环境决定发展的方式和模式，环境决定发展的速度和强度。要根据环境容量、资源禀赋和发展潜力，把国土空间划分为优化开发、重点开发、限制开发、禁止开发四类主体功能区，制定不同的区域发展政策。各地区、各部门、各行业要根据环境容量和资源承载力，按照污染物排放总量控制计划，制定经济发展总体规划、专项规划，确定建设项目，设计经济政策，切实提高经济发展质量，真正做到节约发展、安全发展、清洁发展。在一些特殊的地区，要保护环境优先。

第二，把环境准则作为经济活动的准入条件。环境保护是经济增长的一道"门槛"。通过这道门槛，将高物耗、高能耗、高污染的产业"挡在门外"，将落后的生产能力、工艺、设备和企业"淘汰出局"。确定这道"门槛"，必须充分考虑经济和社会发展水平、技术支持能力和环境容量、环境状况等。"门槛"设置过高，企业等被挡在外面，也就背离了环境保护的初衷。但如果设置过低，环境污染就会长驱直入。因此，必须在环境保护与经济增长之间找到合理的结合点。要充分发挥环境影响评价的作用，严格按照法律法规和环境标准的要求，依法行使法律赋予的权力，对经济社会发展规划、建设项目等进行严格的环境影响评价，对环境容量不足和污染物排放超过总量控制计划的地区，严格限制有污染物排放的建设项目的新建和扩建，使环境影响评价成为防止环境污染和生态破坏、保障科学发展的"控制闸"。

第三，用环保政策法规改变经济行为。出台必要的环保政策和法规，把产品消费后的处置责任前移到生产者，从而激励生产者按照环境友好的理念进行产品设计，优化生产过程。通过制定环境经济政策，引导企业走清洁生产和循环经济之路。通过调整水、电、煤等资源价格促进企业采取资源节约型的生产工艺。

第四，强化环境与发展综合决策机制，把环境保护前置于经济社会发展的决策阶段。在经济发展的决策过程中增加环境保护的把关和引导机制。从环境保护角度提出对国家和地区经济发展战略的重要建议。对环境有重大影响的决策，应当进行环境影响论证，必要时实行环保一票否决。把环境保护纳入国家宏观经济调控政策之中，严格执行国家产业政策，注重从决策源头控制环境污染和生态破坏。

第五，大力加强环境保护执法和管理。充分利用法律、经济、行政手段，加大对环境污染的专项整治，特别是对水、空气的污染和土壤污染的监督和控制，严格执法、依法关闭高耗能、高污染的企业，对排放污染造成重大损失的企业和个人依法追究责任。围绕水污染防治、大气污染防治、城市环境保护、农村环境保护、生态保护、核与辐射环境安全和推动解决当前突出的环境问题等七项重点任务，全面推进，重点突破，下决心解决突出环境问题。

第六，创设激励性环境保护政策。改革干部考核和任用制度，使那些在落实科学发展观、开展环境保护方面成绩突出的干部得到重用。完善环境保护模范城市、生态省（市）、生态示范区、环境友好型企业、绿色学校、绿色社区等创建活动，使在推进历史性转变、实现环境优化增长方面有重要进展的地区获得荣誉和实惠。同时，也要通过检查、通报、曝光等手段使那些在贯彻《决定》和第六次全国环境保护大会精神方面行动不力的地方受到鞭策。

我国环境保护工作进入了以保护环境优化经济增长的新阶段，在解决环境保护和经济增长的矛盾时，既要注意到这两个方面的对立性，更要把这两个方面统一起来进行有机结合。发达国家实现有机结合的经验可资借鉴，但不可照搬，我国的国情不同，没有先例可以仿效。以保护环境优化经济增长，实现环境保护和经济增长双赢，愿望是美好的，目标是明确的。但究竟如何实现这一目标，还有很多值得探索的地方，需要进一步研究和思考。

第五章

追寻可持续的发展方式

——努力建设环境友好型社会

> 人类改造其环境的能力，如果明智地加以使用的话，就可以给各国人民带来开发的利益和提高生活质量的机会。如果使用不当，或轻率地使用，这种能力就会给人类和人类环境造成无法估量的损害。
>
> ——《人类环境宣言》

以反映时代特征和实践要求的科学理论来指导实践，并根据实践经验不断推进理论创新，是马克思主义认识论的本质要求。树立和落实科学发展观、构建社会主义和谐社会是新时期、新阶段党在实践基础上的重大思想和理论创新。建设环境友好型社会则是我党在先进理论指导下，在总结对人与自然关系认识的基础上，从我国国情出发，借鉴国际先进发展经验，吸收传统文化精华，作出的重大战略决策。它是运用马克思主义唯物史观指导社会主义现代化建设的一个范例，是对马克思主义认识论的丰富和发展。

环境友好型社会建设是一项宏伟的系统工程，它不仅是落实科学发展观的重大举措，更是实现全面建设小康社会目标和构建社会主义和谐社会的重要内容。环境友好在初级阶段更多地体现为一种理念，中级阶段则是必须要完成的一个任务，而高级阶段将转化为一种良好的生产方式、生活方式和基本经济制度。它体现的是一种全新的环境伦理观，是一种崭新的社会形态。

思想回归文化本源

环境友好型社会是一种人与自然、人与环境和谐相处、相互促进的社会形态。它不仅是指人对环境、自然的友好，而且也是对良好的环境促进人类发展、人与自然和谐相处提出的要求。环境友好型社会的理想状态是全社会都采取有利于环境的生产方式、生活方式、消费方式，建立人与环境良性互动的关系，进而实现发展生产、改善生活，人与自然和谐共存。

环境友好型社会理念不是无源之水、无本之木，它是随着人类社会对环境问题的认识水平不断深化而逐步形成的，是对人类宝贵文化财富的继承与发扬，也是国际社会环境保护战略思想演化的结果。

人与自然、人与环境的关系是一个运动着的矛盾统一体，反映着人类文明与自然、与环境演化的相互作用及其结果。人类的生存与发展依赖于自然和环境，同时，文明的进步也影响着自然和环境的结构、功能和演化进程，经历了由和谐到失衡、再到新和谐的螺旋式上升过程。

18世纪常被称做"理性的时代"，这一时期科学在欧美得到极大的发展与普及。同时，一个重要的思想流派"浪漫主义"开始在西方世界的发展过程中发挥举足轻重的作用。"浪漫主义"深刻反思由工业化带来的问题，出现了以塞尔波恩的牧师、自然博物学者吉尔伯特·怀特为代表的、主张对待自然采用"阿卡狄亚式的态度"的生态学。它倡导人们过一种简单和谐的生活，使之与其他有机体能和平共存。欧洲的这种传统传到美国后，与美国本土的荒野现实结合，形成了超现实主义，为美国的现代环境保护运动奠定了思想基础。

环境友好型社会作为一种全新的环境伦理观，体现了人与自然的友好相处，也融入了博大精深的中国传统文化和哲学思想。

道家强调"人法地、地法天、天法道、道法自然"，推崇人在实践活动中应顺其自然，在人、天、道、自然关系的演绎中，提升至"无为"境界。这里的"无为"并不是指消极的排斥，而是指反对那些违反自然强加妄为的行为。诸如"物无贵贱"、"泛爱万物，天地一体"、"天地与我并生，而万物与我为一"等，都强调：万物生而有道，世界上的一切生灵均享有平等的生存权利。美国物理学家J·卡普拉在《非凡的智慧》一书中写道："在伟大的精神传统中，在我看来，道家提出了关于生态智慧的最深刻、最完美的说明。这种说明强调了一切现象的基本同一和在自然循环的过程中个人和社会的嵌入。"道家的"道通为一"证明人的本质与自然本质的同一性，"道法自然"则强调人的行为与社会自然结合一体。当今世界人类面临许多严峻的生态问题、环境问题、资源问题、人口问题。这些问题已经不是单纯的自然科学认识和技术方法可以解决的，它必须在自然科学和人文、社会科学合流的基础上才能展开研究，寻求解决的途径。道家的"与天为徒"、"道法自然"的整体自然观，回归自然，以自然为人类精神家园的价值观，表现了人类文化的深刻智慧，为构建现代可持续发展的生态文化提供了智慧的源泉。

而儒家主张以"仁"待人、以"仁"待物，在对待自然方面，强调人与自然的统一和依存关系，"斧斤以时入山林"、"污池渊沼川泽，谨其时禁"、"树木以时伐焉，禽兽以时杀焉"，对林木水产的捕伐要依时令而行，要充分尊重自然规律。《礼记·祭义》记载，曾子曰："树木以时伐焉，禽兽以时杀焉。"夫子曰："断一树，杀一兽不以其时，非孝也。"《大戴礼记·卫将军文子》亦记载，孔子说："开蛰不杀当天道也，方长不折则恕也，恕当仁也。"可以注意这些话对时令的强调，以及将对待动植物的惜生，不随意杀生的"时禁"与儒家主要道德理念孝、恕、仁、天道紧密联系起来的趋向，这意味着对自然的态度与对人的态度不可分离，广泛地惜生与爱人悯人一样同为儒家思想中应有之义。

这些传统文化思想在一定程度上可以视为环境友好型社会理念的原始雏芽，它们所表达的追求自然之道和人为之道和谐统一的思想，与环境友好型社会理出同源，异曲同工。

"环境友好"这一理念的最终提出也是国际社会环境保护实践和理论不断演化成熟的结果。20 世纪 70 年代初，国际社会充分认识到环境问题的严峻性，开始了保护环境的新征程。经过 30 多年的实践和探索，世界各国普遍认识到环境问题的实质是由于发展不足和发展不当造成的，解决环境问题必须实施可持续发展战略。

1992 年联合国里约环发大会通过的关于全球可持续发展战略的《21 世纪议程》中，200 多处提及包含环境友好含义的"无害环境"的概念，并正式提出了"环境友好"的理念。随后，环境友好技术、环境友好产品得到大力提倡和开发，欧盟、美国、加拿大等开始积极研发环境友好技术，数十个国家建立了产品的环境标志制度，如德国的"蓝色天使"、日本的"生态标志"等。到 20 世纪 90 年代中后期，"环境友好"覆盖的范围不断扩大，国际社会又提出实行环境友好土地利用和环境友好流域管理，建设环境友好城市，发展环境友好农业、环境友好建筑业等。2002 年在南非举行的世界可持续发展首脑会议上通过的"约翰内斯堡实施计划"，对"环境友好"的认同程度进一步提高，多次提及环境友好材料、环境友好产品与服务等概念。同时，世界各国开始以全方位的视角来认识环境友好的理念，涉及的范围也从技术、产品、产业、地区等领域上升到整个社会层面，涵盖了生产、消费、技术，甚至新的伦理道德等众多领域。

总之，环境友好型社会概念是随着人们对环境与发展问题的认识不断深化而逐步演变升华的理念。它的提出是基于人们对未来发展的考虑、对美好生活的向往。

深刻挖掘环境友好型社会的本质内涵，追溯归纳国内外在建设环境友好型社会方面的有益实践和失败教训，积极探索我国构建环境友好型社会的理论，是环保人一直努力研究的课题。

创新理论指导实践

自 2005 年 3 月胡锦涛总书记在中央人口资源环境工作座谈会上第一次提出"努力建设资源节约型、环境友好型社会"，到 2006 年 3 月，十届全国人大四次会议审议通过《中华人民共和国国民经济和社会发展第十一个五年规划纲要》，"建设资源节约型、环境友好型社会"独立成篇，明确成为"十一五"期间的国家任务和奋斗目标。

理论来源于实践，新的理论又对实践具有指导意义。建设环境友好型社会，是党中央总结我国社会主义建设实践，参考发达国家的经验教训，高瞻远瞩地提出的适合我国国情的重大战略决策，是来源于实践又高于实践的理论，具有重要的理论意义。用这一新的理论指导按照科学发展观的要求构建社会主义和谐社会的实践，指导我国的环保工作，就可以解决当前我国经济社会发展中存在的资源、环境和经济发展的矛盾。因此，具有十分重要的实践意义。

环境友好型社会深化了对人与自然和人与人两大系统之间关系的认识，是对马克思主义唯物史观的创新与发展。

马克思和恩格斯很早就发现人类生产活动给自然界造成的不良影响，极其敏锐地观察到资本主义发展所带来的环境问题。对于当时城市发展带来的诸如空气污染、水污染、垃圾污染等问题，马克思和恩格斯在一系列著作中都有大量描述，并对资本主义私有制所导致的人与人、人与自然的异化作出过精辟的阐述。

环境友好型社会强调了这样一个事实：在人类通过劳动活动改造自然界的同时，自然界本身也在改变和重构自身，这是人类的力量和自然界的力量以物质资料的生产和再生产为中介相互统一的发展过程。自然系统不仅内在于生产力之中，而且还内在于生产关系之间，"社会是人同自然界的完成了的本质的统一，是自然界的真正复活，是人的实现了的自然主义和自然界的实现了的人道主义"，这就把人与自然（生产力）、人与人（生产关系）两大系统统一起来，说明人的发展离不开社会和自然的支撑，反过来说明人对社会和自然负有重大的使命，进一步深化了马克思主义对自然、人、社会之间关系的认识，是对马克思主义唯物史观的创新和发展。同时，也使人与自然和谐发展的理念，与一些国家的环保主义者仅仅在自然伦理观念基础上的环境保护主张区别开来。

环境友好型社会是用科学发展观指导经济社会发展，是完成社会主义和谐社会建设目标的桥梁，是用马克思主义认识论指导社会主义建设实践的大胆探索。

发展是人类的永恒追求。人们对经济发展的认识，经历了从增长到发展，再从发展到可持续发展的过程。18 世纪英国产业革命开始的资本主义生产方式对自然的索取和破坏，在 20 世纪已超过了一定极限，人与自然的关系和人与人的关系，都陷入了十分紧张的状态，从而迫使发达国家不得不重新反思以往的发展观，进而树立了新的以人与自然和谐为主题的发展观，即可持续发展观。可持续发展观成为到目前为止人类所共同接受的最高境界的发展观，它使人类由只会向自然索取转变为关注、保护自然，有意识地与自然和谐共处。

党的十六届三中全会第一次明确提出"科学发展观"的概念，提出"坚持以人为本，树立全面、协调、可持续的发展观，促进经济社会和人的全面发展"。科学发展观回答了为谁发展和靠谁发展的双重问题，是具有中国特色社会主义的"可持续发展观"。党的十六届四中全会进一步提出了构建社会主义和谐社会的重大任务。胡锦涛总书记指出："我们所建设的社会主义和谐社会，是民主法治、公平正义、诚信友爱、充满活力、安定有序、人与自然和谐相处的社会"。作为社会主义和谐社会建设的一个重要方面，构建资源节约型和环境友好型社会这一重大目标，不仅凝聚着中国共产党半个多世纪对中国特色社会主义建设实践认识的一切重要成果，而且把新世纪社会主义的发展方向、改革开放的发展道路、新型工业化与循环经济的发展模式融会贯通，为中国的发展确立了清晰而系统的坐标。

将环境友好型社会理论应用于社会主义建设实践，对于解决我国当前面临的严峻资源环境问题具有重大指导作用。

改革开放不仅使我国经济发展取得举世瞩目的伟大成就，而且使我国跃入了工业化和城镇化加快发展的重要战略机遇期。从资源禀赋看，我国是总量上的大国，人均上的贫国。人均淡水资源、耕地、石油、天然气、铁矿石、铜、铝土矿等占有量均居世界平均水平之下，资源禀赋与经济发展之间的矛盾将长期存在。同时，国际经验表明，重要战略机遇期是一个资源消耗强度加大的阶段，将会进一步加大资源短缺的矛盾，环境污染将会更加严重。

党和国家高度重视环境保护，将环境保护作为基本国策，采取了一系列重大政策措施，环境保护工作取得了一定成绩，但我国生态环境总体恶化的趋势尚未得到根本扭转。无数事实证明，高投入、高消耗、高排放、低效率的经济发展模式已经走到了尽头。否则，资源难以为继、环境难以承受、人民福利难以提高。解决环境问题，建设资源节约型和环境友好型社会，对于实现经济发展模式转变、走新型工业化道路、发展循环经济，从根本上缓解资源约束矛盾、减轻环境压力，实现全面建设小康社会目标，具有重要的作用。

"友好"内涵丰富深刻

环境友好型社会有着丰富而深刻的内涵。它以环境承载力为基础，以遵循自然规律为准则，以绿色科技为动力，倡导环境文化和生态文明，努力构建经济、社会、环境协调发展的全新体系，目的是为了实现人类与自然、人类与环境的可持续发展。可以说，环境友好型社会既是一种环境伦理观念，也是经济社会发展和环境保护的实践指南。

以环境承载能力为基础
环境承载能力是经济社会发展的重要基础，也是建设环境友好型社会的必然要求。如果不顾环境承载能力盲目发展，必然会付出沉重的代价，甚至造成无法弥补的损失。许多早期文明正是因为走上了让自然无法承受的道路，结果使文明走向了衰败。

古埃及文明可以说是"尼罗河的赐予"。在历史上，每到夏季，来自尼罗河上游地区富含无机矿物质和有机质的淤泥，伴随着河水的漫溢沉积下来，形成了肥沃的土壤，生产出大量的粮食，养育着众多人口，使文明繁荣延续数千年之久。然而，长期以来，由于上游大量砍伐森林，以及过度垦荒、放牧等，导致水土流失日益加剧，河水中的泥沙急剧增加，大片土地沦为荒漠、沙漠，昔日的"地中海粮仓"从此失去了光辉，随之而来的是环境恶化、经济贫困。

美洲的玛雅文明发源于现在的危地马拉低地，从公元250年起一直兴旺繁荣，直到公元900年左右才宣告终结。玛雅人将农田修在高起的地块上，周围环以饮水的沟渠，发展起了耕作方式相当复杂、单产相当可观的农业。玛雅文明的结束明显地与下降的食物供给有关。砍伐森林和土壤侵蚀破坏了农业，气候的变化也对农业产生了一定影响，食物短缺激发了各玛雅城镇间因争夺食物而发生的内部冲突。如今，这里已经是丛林莽莽，重新听命于大自然的处置。

　　还有一个例子，告诉"因过致溃"的现象。1944年，美国海岸巡逻队把 29 只驯鹿带到白令海上的圣马太岛，作为岛上工作站 19 名人员的食物补给来源。一年后二次大战结束，基地关闭，人员撤离岛屿。1957年，当美国鱼类与野生动植物管理局的生物学家戴维·克莱因来到圣马太岛时，被这里的景象震撼了：1350只驯鹿分布在 332 平方公里的岛屿上，岛上供它们进食的地衣有四英寸厚，一派鹿肥草美的动人景色。然而，由于不存在食肉动物的威胁，驯鹿数量猛增，到 1963年已经达到 6000 多只。当克莱因 1966 年重返故地，却发现岛上遍布驯鹿的尸骨，同时地衣已所剩无几，只存活着 42 只雌鹿和一只并不健康的雄鹿，幼鹿一头也没有，一片凄凉景象。结果到了 1980 年左右，这些仅存的驯鹿也全部死光。

　　历史无数次证明，任何超过环境承载力的行为发展到一定阶段，必定要面对"暴殄天物"所要承受的恶果。当今存在的种种环境问题，也大多是人类活动与环境承载力之间出现冲突的表现。环境承载力是维持人与自然环境之间和谐的前提，只有用环境承载力作为衡量人类社会经济与环境协调程度的标尺，才能实现人与自然的和谐共生。倡导的环境友好型社会，正是建立在人类社会的经济活动不超过环境支持能力之上的、以环境承受力为基础的社会形态。

以遵循自然规律为准则

客观规律是不以人的意志为转移的，违背自然规律，就要受到大自然的惩罚。遵循自然规律是建设环境友好型社会必须遵循的准则。恩格斯在《自然辩证法》中告诫："不要过分陶醉于我们对自然界的胜利。对于每一次这样的胜利，自然界都报复了我们。每一次胜利，在第一步都确实取得了我们预期的成果，但是在第二步和第三步却有了完全不同的、出乎预料的影响，常常把第一个结果又取消了。"

20 世纪最后几年，我国发生了震撼全国的三起生态事件：一是 1997 年创纪录的黄河断流，历时 226 天；二是 1998 年的长江、松花江大水灾；三是 2000 年波及北京等地的空前频繁的沙尘暴。就拿长江、松花江大水灾来说，由于气候异常，我国的长江、松花江、珠江、闽江发生了大洪水。其中，长江洪水仅次于 1954 年，为 20 世纪第二位全流域特大洪水，洪水峰高量大，先后八次洪峰，历时两个多月。洪峰水位层层叠加，纷纷突破堤坝设防标准，尤以第四、五、六次洪峰为大，千里江堤危如累卵。松花江洪水为 20 世纪第一位特大洪水，嫩江堤防防不胜防，在军民全力抢护下仍有六处溃决，平原低洼地区一片汪洋，大庆油田连续抢修三道堤防才保住大部分油田的安全生产。一时间江河洪水猖狂肆虐中华北疆和南国大地，损失十分巨大。全国农田受灾面积达到 3.34 亿亩，其中成灾面积 2.07 亿亩，直接经济损失 2551 亿元，占当年 GDP 的 3%。

灾害过后，人们才对事件进行理性思考，埋在内心深处的忧虑、恐惧、忏悔、期盼开始迸发。围绕生态灾难，全社会对 1998 年洪水和 2000 年沙尘暴的危害和成因进行了长时间、大范围、深层次的讨论、反思，这在中国的发展史上，尤其是生态建设和环境保护的历史上还是第一次。所有这一切，凝聚成质朴而真实的愿望：经济建设应该尊重自然规律；结束生态环境的破坏行为，还绿色于大地，还碧水于江河，还蓝天于人们！

以绿色科技为动力

技术革命极大地推动了生产力的发展和社会进步，也使人与自然的矛盾更加突出。然而，缓解人与自然的矛盾，促进人与自然的和谐，同样期待着技术进步并成为21 世纪科技进步的重要方向。于是，环境友好型的技术应运而生。技术密集度高、资源和能源消耗低、对环境污染少、高增值、渗透力强、应用广泛成为高技术产业的重要特征。

绿色高科技的发展将为生活带来质的变化。生命科学和生物技术的突破，将使人类获取新的可再生、可替代、环境友好的能源和工业资源成为可能；先进材料技术的发展，将有可能设计、制造、发展出新的超级结构和功能材料、环境友好材料和智能材料，极大地降低资源、能源消耗；纳米与先进制造技术的发展，将有可能制造出体积更小、集成度更高、更加智能化、功能更优异、环境更友好的器件和系统、工艺方式及制造体系，同样的经济规模将付出极小的环境成本。

传统科技的进步，必然带来就业人数的减少，而绿色技术的发展，却会走出这个怪圈。仅从循环经济来看，1996 年美国再制造工业年销售额超过 530 亿美元，接近当年美国钢铁产业 560 亿美元的年销售额。2000 年德国废物循环利用率约为 50%，废物回收利用年产值约 400 亿欧元，就业人数 24 万。据 1997 年日本通产省产业结构协会提出的《循环型经济构想》，到 2010 年，发展循环经济将使日本新的环境保护产业创造近 37 万亿日元产值，提供 1400 万个就业机会。循环经济不仅变废为宝，减少污染，而且已成为发达国家新的经济增长点和扩大就业的新动力。有的专家甚至提出，21 世纪应该以再利用和再循环为基础，建立一个以再生资源为主导的世界经济。

要尽快走出环境污染的困境，也必须大力发展绿色科技。像绿色国民经济核算技术系统、保障人体健康的污染防治技术、大面积生态退化的修复技术、区域污染治理的综合技术、生态监测预警的科技系统等技术的突破，都会使环境治理事半功倍。

环境保护需要科技创新。如果技术上没有突破，只能亦步亦趋地重蹈发达国家的老路。有别于指向了稀缺、污染、不可持续的资源范围的传统工业技术，绿色科技是指向丰裕、清洁、可持续利用的资源范围，它必将突破传统的科技进步的逻辑思维方式，着眼和立足于人与自然的共生和共存，为环境友好型社会发展提供技术支撑和强劲动力。

倡导环境文化和生态文明

环境文化和生态文明是环境友好型社会的价值基础和重要先导。要建设环境友好型社会，必须先建立超越传统工业文明的生态文明，使人类在经济、科技、法律、伦理以及政治等领域建立起一种追求人与自然以及人与人之间和谐的、对环境友好的价值观和道德观，并以生态规律来改革人类的生产和生活方式。

人类的环境观随着生产力的发展和科学技术的进步而不断变化、发展。迄今为止，人类的环境观大致经历了三个历史阶段和三种观念形态。

第一阶段是人类敬畏自然、崇拜自然的阶段。在古代，由于生产力水平低下，科学技术不发达，人类对自然的认识还处于蒙昧阶段。人们对自然力存在着畏惧心理和盲目崇拜的观念。既包括对动物的崇拜，也包括对天象的崇拜。把人看做自然的奴隶，要求人对自然绝对服从。人类崇拜强壮的动物和具有很强生命力的植物，并渐渐产生了图腾崇拜和对先人及英雄的崇拜。

第二阶段是人类无视自然、主宰自然的阶段。在近代，随着生产力的不断发展和科学技术的进步，人们对自然的认识由畏惧、崇拜向无视、主宰转变。人类一方面为战胜自然的辉煌胜利而感到自豪，另一方面又因盲目征服自然、遭到严重报复而感到痛心疾首。

第三阶段是重视自然，与自然和谐相处、协调发展的阶段。进入现代，由于生产力水平的进一步提高和新技术革命的兴起，为正确认识人与自然的关系提供了科学的方法论和必要的技术手段，使人们抛弃了盲目崇拜自然和完全无视自然的陈旧观念，确立了重视自然、与自然协调发展的思想。

构建环境友好型社会涉及经济社会等诸多领域，在这一历史进程中处理好三个重大关系，对贯彻落实科学发展观和"十一五"规划，对推动环保工作的历史性转

变，对实现全面建设小康社会的奋斗目标，都具有十分
重要的作用。

经济发展与保护环境的关系

经济增长与环境保护的关系是统领全书的纲，因
此，在各个不同的章节，从不同的视角反复阐述这个问
题，有时甚至是重复的，不厌其烦地试图纲举目张。这
里是从环境友好型社会的角度讲经济与环境的关系。环
境友好型社会标志着人类文明从传统工业文明逐步转向
生态文明，以自然法则为标准来改造人类的生产和生活
方式，这是对传统的人与自然关系理解的理性回归和科
学选择，其关键是确立有利于环境的生产和消费方式。

变革对环境不友好的生产方式，必须降低生产单位
产品的资源消耗、实现资源的再生利用；必须限制对生
态环境进行污染的生产过程，实现清洁生产、减少废弃
物的排放。而无论是降低单位产品的资源消耗、实现资
源的再生利用，还是限制对生态环境进行污染的生产过
程，在现有的技术条件和评价经济发展的指标体系下，
都会增加生产成本。限制某些对环境不友好或污染企业
的发展，最终会限制某些地区、某些部门和企业的发
展，影响该地区、部门和企业的就业水平。变革对环境
不友好的消费方式，不仅要反对和限制浪费性和不利于

环境保护的消费，而且提倡绿色消费也会增加消费者的消费支出。因此，尽管建设环境友好型社会是全国人民的共同愿望，但在短期内，确实会使部分地区、部门和企业的发展受到影响。那么，建设环境友好型社会是否会影响经济发展呢？

在目前中国资源环境形势已经日趋严重的压力下，如果不探索新的对环境友好的生产和消费方式，那么，在不久的将来，资源环境的严重压力将降低它们自身的生产率，最终会增加整个经济发展的供给成本，导致目前的经济发展模式无法维持下去。因此，建设环境友好型生产方式和消费方式，必须进行技术创新，形成符合环境友好型的生产和消费模式。新的生产方式和消费方式的建立，会导致新的经济发展模式，在技术进步的基础上建立新的生产和消费的良性循环，降低整个经济发展的供给成本。这样不仅使我国的经济发展在新的基础上实现质的飞跃，同时还可以在国际竞争中确立基于环境友好的竞争优势，而且更重要的是，在人与自然和谐发展的基础上实现国家经济发展、人民生活富裕和生态良好的小康社会建设目标。

发达国家200多年来的发展经验表明，经济发展模式的演变必然面临着短期和长期利益的权衡，那些着眼于长期利益而进行经济发展模式演变的国家最终会成为国际上居于主导地位的国家，在国际竞争中占显著的竞争优势。建设资源节约型和环境友好型社会，是着眼于中华民族长远利益基础上的一项重大战略决策。从长期来看，资源节约型和环境友好型社会的构建与经济的可持续发展是一致的。

国家利益与微观主体的关系

无论是在时间上、还是在空间上，资源环境问题都具有显著的相互依赖性，即外部性。资源节约型、环境友好型社会的建设同时也具有显著的公共物品性质。在现代市场经济中，国家在解决相互依赖性或外部性问题和提供公共物品方面承担着极为重要的责任。但如果把建设环境友好型社会的责任全部归于国家，靠国家补贴去支持环境友好型生产企业，不仅国家财政无法负担，而且从长远来看也不符合市场经济规律，容易形成行政垄断或提高对环境友好生产模式的成本，最终会制约环境友好型社会的建设进程。因此，关键是在市场的基础性调节作用下，把国家在建设环境友好型社会中的主导作用，与企业的主体作用和社会公众的广泛参与结合起来。

社会主义市场经济是在国家宏观调控下市场对资源配置发挥基础性作用的经济体制。在社会主义市场经济条件下，建设环境友好型社会也必须在国家宏观调控下通过市场机制来进行。在建设环境友好型社会的过程中，资源环境问题的外部性和具有的公共物品性质决定着，国家必须承担主导作用。但这种主导作用主要体现在国家采用经济的、法律的和必要的行政手段的综合效应，通过影响市场参数，调节人民的消费行为，最终影响进行物质资料再生产和消费的实际主体来实现。建设环境友好型社会的关键在于形成新的生产和消费模式，而新的生产和消费模式的转换，必须通过市场上千千万万个微观主体，特别是生产者和消费者的主动行为才可以实现。建设环境友好型社会不仅仅是国家的责任，也是整个社会所有主体共同努力的结果。

在社会主义市场经济中，企业作为最重要的微观生产主体，本性是要追求利润的最大化。从短期来看，这个目标与建设环境友好型社会是对立的。因此，只有国家充分发挥主导作用，制定符合建设环境友好型社会的市场规则和制度安排，并采取必要的行政手段对企业不符合环境友好的生产行为进行强有力的干预，企业才能自觉地发挥主体作用：通过技术引进、创新和组织创新，降低资源消耗，减少污染排放量，进行清洁生产，生产出既符合人民需要，又有利于环境友好的产品。同时，就企业自身来说，也应该认识到，在目前国内商品基本上处于买方市场的格局中，通过生产和销售绿色产品、提供绿色服务来开辟市场需求，不仅在国内而且在世界市场中也具有竞争优势，可在新的发展模式基础上获取利润。

在社会主义市场经济中，广大公众作为消费者，应该广泛参与环境友好型社会的建设。通过改变不合理、不适当和不健康的消费行为，形成绿色消费和有利于环境友好的消费模式，并进而引导生产模式向环境友好型模式转变，在实现个人小康目标的同时，使自身福利得到实实在在的提高，能呼吸到新鲜的空气、喝到清洁的水、享受有利于自身健康的自然环境。

政策效应与实施效果的关系

在建设环境友好型社会的过程中，国家的主导作用在于制定适当的环保政策，通过影响市场参数来调节微观主体的市场行为，推动整个社会的生产发展和生态良好这两个目标的实现。但任何政策一方面都具有影响人们之间收入再分配的效应，从而影响现有的利益格局；另一方面，政策实施的效果有可能并不与政策的目标完全一致。

例如，企业通过加速提高可更新资源、矿产品回收或资源保护方面的投资率来减少环境污染，也会导致区域失业水平的上升；通过资源价格调整来建立生态环境有偿使用制度，在产品需求缺乏弹性时，这种资源价格调整的成本会转嫁给消费者或社会公众；通过排污权交易制度来限制企业排放污染的强度，会降低持有排污许可企业创新减污的激励，也不利于没有取得排污许可的企业消减污染物；通过建立排放标准来限制环境污染，对所有污染物质建立排放标准在现有技术下显然是不可能的；通过支持环保技术创新的国家补贴制度，有可能被企业用来购置处理废物的设备，而不是被企业用来改变生产流程及产品，等等。

因此，在建设环境友好型社会的进程中，不仅要考虑到环保政策本身所带来的再分配效应，而且也应当注意到环保政策目标与政策效果之间的不一致问题。建设环境友好型社会需要制度创新，关键是建立一个有效的生态环境保护框架下的利益分配格局。在利用经济的、法律的和行政的手段建立这种利益格局的过程中，需要充分考虑各种政策手段的优缺点，以多种政策手段综合使用来实现政策目标。

建设环境友好型社会，必须以资源环境可承载能力为基础，改变高消耗、高污染、低效率的经济增长方式，主动选择低消耗、少污染、高效率的生产体系；必须反对盲目消费、过度消费和奢侈消费，积极倡导绿色

消费与合理消费，建立可持续消费体系；必须抛弃浪费
资源破坏环境的落后技术，加快开发更新替代自然资
源、保护环境的绿色技术，建立环境友好的科技体系；
必须大力宣传环境文化和生态文明，动员社会各方面的
力量依法参与和监督环境保护，将全社会生态文明的共
识转变为人民群众的自觉行动，形成民主科学的决策体
系；必须切实解决危害群众健康的环境问题，维护群众
环境权益，补偿群众环境利益，妥善化解因环境问题而
造成的社会矛盾，促进全社会公平正义。简言之，建设
环境友好型社会就是在全社会形成不损害环境、有利于
环境的生产和生活方式。

政策支持加速推进

要推进环境友好型社会建设，必须站在经济社会发
展全局的高度，从宏观经济发展的层面入手，研究分析
环境保护问题，历史地、立体地看待现实的环保问题；
从人口、资源、环境发展的角度，从速度、结构、质
量、效益的层面，研究分析环保与产业结构、产业定
位、结构调整、增长方式转变等关系宏观战略的问题；
将环境政策与宏观经济政策融为一体，特别是产业政
策、金融政策、税收政策、财政政策、贸易政策等都要

充分体现环境保护的要求，即这些政策必须是环境友好的政策。

产业政策

经济结构调整、经济增长方式转变，将会极大地减少能源消耗。目前我国的经济增长过于依赖第二产业，低消耗、低污染的第三产业发展滞后、比重偏低。按照有关方面的测算，如果我国第三产业增加值的比重提高一个百分点，第二产业中工业增加值比重相应地降低一个百分点，每年能源消费总量可减少约 2500 万吨标准煤，相当于万元 GDP 能耗降低约一个百分点，同时相当于减少 40 万吨二氧化硫排放量。如果高技术产业增加值比重提高一个百分点，而冶金、建材、化工等高耗能行业比重相应地下降一个百分点，每年能源消耗总量可减少近 2800 万吨标准煤，相当于万元 GDP 能耗降低 1.3 个百分点，同时相当于减排二氧化硫 44.8 万吨。

从产业政策出发，着力从三个方面优化经济结构，增进结构效益。一是优化产业结构，积极发展高新技术产业，广泛应用高新技术和先进的适用技术提升制造业，大力开拓服务业新领域，抓紧构建资源消耗少、环境污染少、附加价值高、吸纳就业多的产业结构体系。二是优化产业组织结构，促进中小企业专业化程度的提高，促进大型企业和企业集团的绿色化，通过形成绿色"供应链"，建立环境友好的大、中、小企业合理分布的格局。三是优化出口结构，促进技术水平高、附加值大的产品增加出口，提高比重。

价格政策

我国价格体系未能充分反映资源的稀缺程度。比如，水资源是我国最为稀缺的资源之一，但我国的水价却只有世界平均水平的1/3。低水价导致了对水资源的过度消耗和浪费：农业用水的低价格，弱化了节水技术和设施的投资激励，固化了农业的大水漫灌方式；居民用水的低价格，造成了生活用水的严重浪费，加重了水污染和水生态失衡。再比如，土地也是我国最稀缺的资源之一，但长期以来，由于土地征用、交易制度不完善，致使大量农村集体所有的土地被低价征用，转让价格没有充分反映土地的稀缺程度，从而降低了稀缺土地资源的使用成本，形成了粗放利用土地的惯性，加剧了土地退化和生态破坏。企业成本未能充分反映资源环境。按照一般规律，资源需求增加，资源价格上升，各个市场主体要么提高资源效率，要么寻找替代资源，要么放弃资源消耗量大的产业或生产方式，使过量的资源需求受到抑制。这样，"资源依赖型"的发展环境，就会逐渐转变为"创新驱动型"的发展环境。伴随这一过程，就是技术进步和产业升级。因此，转变经济增长方式是一个经济活动的过程，是在生产要素稀缺条件下市场作用和市场主体选择的结果。如果人为地压低生产要素价格，企业在可以轻易获得廉价生产要素和大量订单、利润还在不断增长的情况下，通过技术创新转变经济增长方式就失去了动力，高消耗、低效率、高污染就成了必然。

理顺资源价格体系，完善相关制度。加快重要资源价格改革，增加粗放利用资源性产品的成本，深化电力、石油、天然气、煤炭、水等重要资源价格形成机制的改革，让市场在配置资源的过程中发挥更大的作用。深化土地制度改革，严格土地法制，合理调整土地收益分配机制，适当增加利用土地的成本。

财税政策

我国现行税法规定，企业消耗的能源等生产资料可以作为进项税额抵扣，但生产设备和劳动工具作为固定资产核算的部分不能抵扣。这导致在销售收入相当的企业中，高消耗企业抵扣多，纳税反而少，挫伤了企业节能降耗的积极性。因此，要完善税收政策体系，支持建立健全企业自主创新投入机制，鼓励企业加大研发投入。实行绿色采购，鼓励国内企业开发具有自主知识产权、环境友好型的重要高新技术装备和产品。研究取消和严格管理能源资源使用方面的各种优惠政策。研究以矿产资源有偿使用为重点，全面实行矿业权有偿取得的制度，完善矿业税费政策，做到矿业企业合理负担其成本。研究建立生态补偿机制，将环境成本纳入企业生产成本，将环境外部成本内部化。按照谁开发、谁保护、谁投资、谁受益的原则，研究建立健全环境保护政策机制。研究采取财税政策措施，更好地引导循环经济的发展等。根据国内外油价变动等情况，择机出台燃油税，取代公路养路费等部分收费。

增加政府投入，促进资源和环境技术的进步。建设资源节约型、环境友好型社会，促进增长方式转变，必须大力开发新能源、新材料、资源节约、污染处理、生态治理和恢复等方面的技术。这些技术研发成功后社会效益比较明显，但研发过程投资密集，研发失败的风险比较大，单个企业或者研究机构研发积极性不高，使得这些技术的供给难以满足转变经济增长方式的要求。因此，要加大政府对这些技术领域的支持力度，鼓励企业在相关技术领域进行技术发明和技术革新。

金融政策

将环境保护作为银行信贷的前提条件，既是保护环境的有力措施，又是提高信贷资产质量的重要手段。环保总局联合中国人民银行，将环境执法信息纳入金融征信系统，为环境保护成为企业贷款的重要依据奠定了基础。要采取更加有力的措施，严格限制对高耗能、高污染企业的信贷支持，积极引导金融资源促进环保事业发展。国外的经验表明，企业承担环境责任的状况直接影响到股市的变化。目前，环境保护已成为我国企业上市的重要条件。要积极创造条件，使环境保护在企业直接融资中发挥更大的调控作用。

环境责任保险是新生事物。从国际上来看，一是强制保险方式是发展趋势。国际上环境污染责任保险有不同方式。随着环境污染事故的频繁发生，为了尽量减少污染者的负担、充分保护受害者的权益，许多国家有加强强制性责任保险的趋势。印度和德国就是这种趋势的代表。二是保险范围逐渐扩大，并集中在重大环境风险。随着诸多因素对环境责任及其后果所产生影响的增大，有限的环境污染责任保险不能满足企业转嫁风险的要求。因此，保险范围逐渐在扩大。三是保险费率的个性化和赔付限额制。因被保险人状况千差万别，保险人要对每一承保标的进行实地调查和评估，单独确定保险费率以降低风险。同时，保险人为了自己的利益，总是设定一定的保险金额，以限定自己的最高赔偿责任。而在法定强制保险中，也往往有赔付限额的规定。四是保险索赔时效的长期化。与普通的人身保险和财产保险相比，环境责任险的保险利益具有不确定性。因此，环境污染责任保险的索赔时效比一般责任保险的索赔时效要长。五是保险机构的专门化和政府环保部门的支持。从目前西方各国环境责任保险制度的实际运行来看，环境责任保险承担的赔付金额过大，承保的范围又过窄，加上发展历史较短、经营管理方式远未成熟，经营此类保险的风险大大高于其他商业保险，需要政府的扶持。国内多次重大环境污染事故的应急处理结果表明，一方面每次事故处理所涉及的巨额费用，大多都是政府埋单，造成恶性循环，污染企业没有压力。另一方面，单个污染企业承担责任的能力毕竟有限。为分散企业环境污染赔偿责任，有必要借鉴国外经验，探索建立中国的环境污染责任保险制度。重大污染行业、高风险行业，位于敏感地区的行业，生产危险化学品的企业，应该强制缴纳保险。

贸易政策

改革开放以来，我国对外贸易快速发展。但是，出口增长仍然属于数量扩张型的较为粗放的经济增长方式。主要表现为：一方面，资源消耗高、技术含量低的产品出口，在国内遗留了大量的环境污染；另一方面，自主品牌出口少、出口价格低，使企业在保护环境的资金方面捉襟见肘。

应通过外贸政策和出口退税政策调整来优化进出口结构。适当限制高物耗、高能耗、高污染产品的生产和出口，对耗能过大的产品出口，要取消出口退税并适当增收资源税，对造成环境污染的出口产品应增收环境税。根据我国资源禀赋特点，对于那些开采成本高、对环境破坏程度大的矿产资源，对于石油天然气等优质能源，对于替代水土资源紧缺的粮食，以及对于木材及林产品等，可通过进口来满足国内的部分需求，缓解资源和环境压力。

另外，通过制定和严格执行一定的能耗、物耗、污染排放等标准，促进环境与经济协调发展，是市场经济中需要政府发挥作用的一个重要领域。在明确和严格的标准之下，企业为了达到资源环境要求，就需要进行技术创新、更新设备或加强管理。而目前我国资源环境标准体系和相应的法律法规还不完善，有的还存在空白，特别是对已有的法规标准，有法不依、执法不严的问题较为突出。这不仅使企业丧失了进行技术创新、设备更新或强化管理以降低消耗、减少污染的外在压力和内在动力，另一方面也使一些企业敢于在执行现行标准和政策时弄虚作假、顶风违规。

只有友好才会和谐

建设环境友好型社会是环境保护的需要，是全面建设小康社会的需要，也是建设社会主义和谐社会的需要。作为承担着国家环境保护任务的部门，环保系统必须下大力气推动这项工作。今后相当长的一个时期内，必须从以下方面推进环境友好型社会的建设。

倡导环境友好型社会的伦理价值观念

思而后行，只有先统一了思想，明确了共同的目标，树立起正确的观念，才能真正将这项宏伟的目标落实到具体工作中。树立环境友好型社会的伦理价值观念，是一项长期性的工作，需要从基础工作做起，采取多种形式，逐步在全社会树立环境友好型社会的伦理价值观念。要开展环境友好型社会的理论研究，促进环境友好型社会伦理价值体系的推广，为环境友好型社会的建设提供理论支持；要加强环境友好型社会伦理价值的宣传教育，充分发挥各新闻媒体的宣传作用，推动环境友好型社会理念进入社会舆论的主流，形成建设环境友好型社会的浓厚舆论氛围。甚至可以考虑把环境友好型社会的伦理价值观纳入学校的普及教材中，使之成为学校素质教育的一部分；要开展环境友好型文化建设，普及环境友好型社会理念，充分发挥文化部门的优势，以生动具体、活泼多样、喜闻乐见、易于接受的艺术形式，在全民中大力开展环境友好型文化建设，使环境友好型社会理念成为全社会共识和奉行的价值观，并成为群众日常工作生活中指导和约束自己的行为准则。

推进环境友好型决策体系的建立

环境友好型社会作为一种新型的社会发展状态，是一项全民工程，需要政府、社会和广大民众齐心协力推进。要发挥政府在环境友好型社会建设中的主导和引导作用，通过制定环境友好型社会建设的规划，明确相关部门的职责、建设目标、建设进程、工作要求和政策措施；要推动各级组织部门把环境友好的指标纳入干部政绩考核体系，将建设环境友好型社会的绩效指标纳入党政领导班子和领导干部的任期考核内容，并将考核情况作为干部选拔任用和奖惩的重要依据之一；要推动环境友好型社会的法制建设，普及公民环境友好型社会的法制意识，维护公民的环境权益；要推动战略环评制度的建设进程，完善规划环评的运行机制，提高规划环评的法律效力；要积极开展环境友好型社会建设的科技研究，全面加强环境友好型社会的科技支撑体系建设；要推动环保政务公开，完善环境信息披露制度，推进企业环境信息公开，建立和完善企业环境信息报告、申报登记以及公众环境信息的查询和获取制度，开展上市公司的环境绩效评估和环境信息公告，充分保障公众的环境知情权；要对公众环保知识的薄弱环节进行有针对性的指导和教育，促使公众了解自己的环境权益，制定环境友好型社会建设的行为规范，完善公众参与机制，使环境友好型社会成为社会主义精神文明建设的一项重要内容，使群众自觉地投身到各种环境友好型社会建设的活动中，形成人人关心环境、保护环境、监督污染行为的文明风尚；要推进有利于环境友好型社会建设的价格、税收、信贷、贸易和政府采购等政策的制定，引导和规范环境友好行为。

推动生产领域的环境友好型社会建设

生产领域是环境友好型社会建设的重点，也是环境友好型社会能否最终得以实现的关键。一是研究建立环境经济的评价指标体系，推行清洁生产审计制度，推动制定发展循环经济的产业政策和技术规范，逐步建立以政府引导、企业为主的循环经济技术创新体系。二是推动不同地区和不同类型的工业园区循环经济发展模式指南的制定，推动钢铁、有色、煤炭、石油、电力、化工、建材、造纸、食品、电子电器等重点行业的循环经济发展模式指南的编制。三是选择资源消耗高、污染严重的行业和企业，实施清洁生产审核，推进建立环境友好企业；选择大型企业集团、各类开发区或新建工业区，设立生态工业、生态农业的国家示范点。通过试点和示范，从中总结出生态工业园区和重点行业、城市循环经济的发展模式，提出利用循环经济改造现有工业园区的思路和措施。四是推进企业环境准入制度的建立，加强对污染行业、企业的生产全过程排污控制，建立严格的淘汰制度。排污费的使用要重点支持清洁生产项目以及资源消耗低、排污少或不排污的"零排放"技术、循环利用技术、环保工艺和设备的示范和推广。五是促进工业园区和经济技术开发区进行生态化设计与改造，推行清洁生产审计，发挥核心企业在建立能源、资源循环利用产业链中的作用，大力发展生态农业，积极运用经济手段和市场机制，鼓励各行各业节约资源、降低污染排放。

六是利用市场机制和价格杠杆，督促环境标识、环境认证制度的推广实施；完善资源再生回收利用体系。

推进消费领域的环境友好型社会建设

消费领域是环境友好型社会建设的难点。它牵扯的层面较广，涉及的领域也相对繁杂。要发挥舆论导向作用，倡导和引导公众自觉选择环境友好型产品，促进绿色消费市场的建立，遏制环境不友好产品的生产和消费；要大力倡导和推行环境友好消费，如使用对大气、土壤、水等自然资源及生态环境有益的产品，号召公众拒绝使用环境不友好消费品，抵制和排斥与消费相关的"环境不友好"行为。通过环境友好的消费选择带动环境友好产品和服务的生产。同时，通过生产技术与工艺的改进，不断降低环境友好产品的成本，形成环境友好产品生产与消费的良性互动。

继续深入开展"绿色创建"系列活动

创建国家环境保护模范城市、生态省（市、县）、"绿色创建"活动，成为推动环境友好型社会的初步实践。目前，我国已建立九个生态省、528个生态示范区、79个全国环境优美乡镇、50个国家环保模范城市或城区、17个各种类型的生态工业示范园区、32家国家环境友好企业、488所国家级"绿色学校"和2300个省市级"绿色社区"。要将"绿色创建"试点示范活动纳入环境友好型社会的建设体系，要推广和表彰全国循环经济试点的做法和经验，推广先进典型，增强全国人民加快建设环境友好型社会的信心。综合各种创建和试点示范活动成果，建立环境友好型社会指标体系，在"十一五"期间首先创建一批环境友好型城市。

建设环境友好型社会是一项长期的、系统的、综合性的工程，这要求必须从多方面、多途径、多角度切入工作。要通过制定建设规划，坚持改革创新，变革对环境不友好的价值观念、经济模式、社会消费、环境管理、科技文化等传统体系，形成一套环境友好型社会的保障体系。要实行最严格的环境管理制度，运用最经济的环境保护手段，建立最高效的环境管理体系，实行最广泛的社会参与来推进这一目标和任务的实现。

还要紧密联系当前的实际情况来考虑环境友好型社会的建设，借助推进历史性转变这一主要任务来促进目标的逐步实现。在发展模式上，由以环境换取经济增长向以环境优化经济增长转变，坚持实施可持续发展战略、科教兴国战略和人才强国战略，努力提高自主创新能力，将我国巨大的人口压力转化为人力资源优势，用科技和人力资本替代自然资源消耗，建立环境代价最小、最珍爱环境的社会体系，实现由环境污染激化社会矛盾向环境友好促进社会和谐的转变。在空间布局上，将经济发展与环境承载能力相统一，形成各具特色的发展格局，按照优化开发、重点开发、限制开发和禁止开发的不同要求，明确不同区域的功能定位，制定不同的发展方向和环保目标，充分体现区域环境承载能力的差异，充分尊重自然规律。再者，切实加强环境保护，坚决完成"十一五"环保任务，这是现实的环境友好型社会建设的最基础工作。这三者互为一体，缺一不可。实现了发展模式的转变，区域环境就能承载更大的经济规模，环境保护的压力也相应减轻；实现了区域布局上的调整，能促进发展模式的转变，提高国家环境安全的保障程度；加强了环境保护，也能促进发展模式的转变和区域结构的优化。

由于环境友好型社会还是一个比较新的概念，又涉及政治、经济、文化等各个层面，就连国际上对于环境友好型社会也没有一个范式化的定义，目前也还多停留在讨论和思考阶段，具体的实践还很不够。真正将环境友好型社会建设渗透到日常工作中还有待进一步的努力。

兵法云："上无疑令，则众不二听。"就是说上级的指示必须坚决果断，下级才能明确贯彻执行。建设环境友好型社会不是一句口号，而是一项国家意志，具有一定的刚性要求，需要全社会、全体人民共同努力推进。虽然当前背负着前所未有的资源环境压力，虽然实现环境友好的生产生活方式十分艰难，但只要敢于面对现实，勇于开拓创新，就可以把资源环境的压力转化为建设环境友好型社会的强大动力，使其从一个抽象的概念变成具体的行动。

历史性转变的核心是保护环境优化经济增长，而保护环境优化经济增长的目标则是建设环境友好型社会。没有历史性转变，保护环境优化经济增长就失去了理论支撑，成为无源之水、无本之木；不以保护环境优化经济增长，建设环境友好型社会便丧失了动力，成为空中楼阁、镜中看花；而迷失了建设环境友好型社会的方向，保护环境优化经济增长也就成为无的放矢、一句空话。坚持以保护环境优化经济增长为核心，无论是优化经济结构、优化区域布局，等等，最终都要归结到构建环境友好型社会这一奋斗目标上来。

第六章

肩负起历史赋予的重任

——转变环保工作的思路

> 没有对历史过程的审视，没有对历史事件的反思，没有对历史经验的总结，就不能发现符合人们现代生活的追求，因此，新思路的确立是人们对自己命运的审慎选择。
>
> ——作者

我们正处在一个大变革、大发展的时代。

这是一个发展的机遇期，同时也是矛盾的凸显期。

在科学发展观引领下，以推动历史性转变为主要任务，以建设环境友好型社会为主要目标，是新时期环保工作的基本指导思想和努力方向。"十一五"是全面建设小康社会的关键时期，也是加强环境保护、改善环境状况的紧要阶段。"事危则志锐，情迫则思深"。既定的环境目标不仅对社会的机制体制、法律法规、政策措施提出了新的要求，而且要求从思想观念、行为方式等方面来适应和配合这一目标。因此，新时期的环保工作必须围绕"转变发展观念、创新发展模式、提高发展质量"的要求展开。

明确思路定方向

马克思主义哲学教会了最有用的方法论，它告诉我们对事物作出分析和判断的时候，要多看多想，要用辩证的和历史的眼光看待问题，懂得从局部看全局、从表象看本质、从眼前看长远，同时作出科学、理性的判断和周密、细致的分析，唯有如此，才能在错综复杂的环境中时刻保持清醒，永远立于不败之地。

新时期环保工作思路的确定不是一蹴而就的，对于它的确定，慎之又慎。这是一件关系到环保事业前途命运的大事，是一件关系到国家发展、民族振兴的大事，不允许有丝毫偏差和失误，一点点的疏忽和大意都有可能会对全面发展带来负面的影响。

马克思主义哲学是环保理论与实践的理论基础。环境是一个充满矛盾的复杂而有规律的事物。正确认识环境问题和把握保护环境的基本规律，并运用这些基本规律来指导具体的环保工作，是首先要解决的问题。

　　制定科学可行的环保工作总体思路，必须透过环境的现象抓住其运动过程中必然的、内在的、本质的联系，寻找出保护环境的客观规律。唯有如此，才有可能真正解决环境问题，才会有效推动环保工作的历史性转变。环境规律是客观存在的。客观实在性是一切物质的共性。环境是物质的，环境问题也是客观存在的，其形态可能改变，但它的规律却是独立存在的客观实在。保护环境的规律是可知的。辩证唯物主义认为，客观实在是可以认识和反映的对象。环境问题虽然复杂，但它也是有规律可循的。无论什么样的环境问题，其规律都是可以被认识和把握的。只要认识了保护环境的规律，就能用以指导具体的环保工作。

　　运用唯物辩证法的基本原理，通过冷静观察，在复杂的环境现象里抓住保护环境的本质，提出相应的解决方法，是确定环保总体工作思路的理论出发点。

　　首先，要坚持一切从实际出发。从环境问题和环保工作的实际情况入手，研究环境和环保工作，找出保护环境的规律，将这些规律作为考虑总体工作思路的要素。

　　其次，要把握从现象到本质的认识方法。人们认识事物，总是先接触现象，再透过现象了解事物的本质，认识和把握事物的规律性。认识一般事物的规律是这样，认识保护环境的规律也是这样。要善于透过现象看本质。

第三，要把握一般与特殊的关系。与其他事物一样，环境规律也有一般与特殊之分。人与自然、环境与经济等等，是既互相联结又互相排斥的矛盾现象，这是环境的一般规律。然而，不同时间、不同经济发展阶段的环境问题，又有其特殊规律。

第四，要坚持发展的观点。运动、变化、发展，是物质的根本属性，也是环境的根本属性。这一根本属性决定了一切保护环境的规律，必然依照历史的发展而变化，依照环境的变化而发展。

第五，要坚持实践的原则。环保工作的实践是环境认识的来源，只有在环保工作实践的基础上，才能认识环境和掌握保护环境的规律。同时，也只有通过环保工作的实践，才能检验对保护环境规律认识和运用的正确与否。

环保工作不单纯是环境问题、经济问题，还是一项重大的社会问题、政治问题，对经济建设、社会发展和人民生活具有全局性、长期性和决定性的影响。尤其是"十一五"期间，资源、能源、环境瓶颈已经成为我国经济社会发展的重大制约。如何打破环境瓶颈约束，实现全面、协调、可持续发展，使环境保护真正为科学发展保驾护航，是考虑环保工作的一个现实出发点。必须以国家为重，以人民为重，站在国家层面、全局层面考虑环保问题，把环境保护放在国民经济中去看待、去运作，真正顺应社情民意，顺应时代发展要求。唯有如此，环境保护事业才可能真正实现大的发展，环保的生命之树才会常青。

正是基于对环境问题复杂性的深刻思考、基于对当前环境形势的准确判断，依据党和国家对环境保护工作的具体要求，站在宏观和全局的角度，结合环保工作的具体实践，第六次环保大会明确提出了新时期环保工作的总体思路，即以科学发展观为指导，举全局之力，围绕七项重点任务，全面推进重点突破，下决心切实解决突出的环境问题。具体要求是，突出一个重点：重中之重是污染防治，而保障饮水安全又是重中之重的首要任务；办好两件大事：建设先进的环境监测预警体系和完备的环境执法监督体系；落实三项制度：环境影响评价制度、推行污染物排放总量控制制度、实行环境目标责任制；强化四项工作：环境政策法制、宣传教育、科技创新、国际合作；加强五大建设：思想建设、作风建设、组织建设、业务建设、制度建设；处理好六个关系：经济发展、社会进步与环境保护的关系，当前与长远的关系，政府主导与市场推进的关系，中央与地方的关系，城市与农村的关系，区域之间的关系。

总体思路，解决了重点与一般的关系，解决了任务与保障的关系，解决了硬件与软件的关系，同时，也解决了环境与经济社会以及环保工作自身的一些突出矛盾。

总体思路的制定遵循了党的发展方针，是在落实科学发展观、构建社会主义和谐社会的思想指导下，在充分考虑了新时期社会发展对环境保护具体要求的基础上制定的。同时，总体思路也是与党中央、国务院领导同志的明确指示相一致的。温家宝总理在第六次全国环境保护大会上指出："坚持预防为主、综合治理，全面推进、重点突破，着力解决危害人民群众健康的突出环境问题；坚持创新体制机制，依靠科技进步，强化环境法治，发挥社会各方面的积极性。""加强环境保护，当务之急是解决水和空气等污染加剧的问题。"总理提出了八条措施，其中前三条是"落实环境保护责任制"、"实行污染物排放总量控制制度"、"加强对建设项目的环境影响评价"，强调"建立先进的环境监测预警体系"、"完备的环境执法监督体系"，要求"加强环境保护队伍建设，建设一支政治素质好、业务水平高、奉献精神强的环保队伍"。曾培炎副总理强调："要全面推进、重点突破，把水、大气、土壤污染防治作为重中之重，把保障城乡人民饮水安全作为首要任务"，"必须落实环境保护责任制，严格污染物排放总量控制，加强建设项目环境影响评价"。

总体思路与落实国务院《决定》的各项要求也相吻合。《决定》确定的各项任务和措施，是各地各部门和全社会的共同任务。环保部门更要从自身的职责出发，理清思路，明确重点。污染防治是最基本的职能，《决定》确定的七项重点任务中有五项是污染防治，污染防治任务不落实，落实《决定》也就无从谈起。

总体思路的制定充分听取和吸收了各方面的意见和建议。针对总体思路，总局召开了一系列座谈会。先后在济南、成都、北京召开的东部、中西部、四个直辖市等环保局长座谈会，听取了省、市、县三级环保局长对全国环保工作和环保总局的意见和建议；征求了环保领域著名专家、学者的意见和建议；走访了中央、国务院24个部门；同时也分别听取了总局部分老同志、年轻同志、科技人员的意见。大家从总结经验教训出发，结合切身体会，普遍认为，把污染防治摆上突出位置，切实加强执法监督和环境监测，全面增强基层能力建设，是环保事业加快发展的客观要求。

总体工作思路的调整不是过去进行的一般意义上的适应性重组，而是一次带有全局意义的战略重组；不是出现问题以后被动地、消极地重组，而是面对机遇和挑战积极地、主动地重组。重组与发展互为因果，互相推动。它不仅包含环保工作领域的调整优化，而且更重要的是环保工作能力的调整优化；它不单纯是数量的调整，而且更重要的是全面提高工作质量的调整；它不仅要解决当前战线过长、效率偏低的问题，而且是推进科学发展、和谐发展的重大举措。加快环保工作的战略重组，必须壮大保护环境的实力，形成保护环境的合力，推动保护环境的资源尽快向解决危害人民群众健康等突出环境问题集中，向做大做强环保部门的工作能力集中，使环保部门真正担负起环境保护综合管理的重任。要根据战略重组和职能分工的要求，划清机关、事业单位、社会团体的职责，明确任务，理顺关系。

"万目不张举其纲，众毛不整振其领"。不抓重点，工作中就会如坠烟海，失去重心，眉毛胡子一把抓；不抓重点，就不能把握全局，辛辛苦苦、忙忙碌碌而成效甚微；不抓重点，就不会有正确的部署和计划，不可避免地要打乱仗。全面推进、重点突破的总体思路，充分体现了"重点论"和"两点论"的哲学思想，是对环保力量的重新调配，是对环保资源的有力整合，是对工作部署的战略优化。全面推进、重点突破，是在环保事业整体发展中关键领域的率先突破，是在环保领域不断扩展中关键问题的重点攻克。全面推进、重点突破，不是回到"三废"治理的原点，而是环保工作螺旋式上升中质的飞跃。

一个重点保兴业

古人云"兴业之举在于抓住重点"。只有找准了问题，抓住了核心，才能牵住牛鼻子，牵动牛身子，拉出整头牛。污染防治就是环保工作的"牛鼻子"，是当前工作的重点。

国务院《决定》提出的七项重点任务是以饮水安全和重点流域治理为重点，加强水污染防治；以强化污染防治为重点，加强城市环境保护；以降低二氧化硫排放总量为重点，推进大气污染防治；以土壤污染防治为重点，加强农村环境保护；以促进人与自然和谐为重点，强化生态保护；以核设施和放射源监管为重点，确保核与辐射环境安全；以实施国家环保工程为重点，推动解决当前突出的环境问题。

这七项重点任务相互关联，十分重要，必须统筹协调、全面推进。但从阶段性的工作来看，又必须突出重点，集中力量攻坚克难，尽早尽快地解决人民群众反映突出的环境问题。七项重点任务中，五项任务的主要工作都是污染防治。污染防治的任务是最为紧要、繁重和复杂的，是环保工作的重中之重。之所以确定这样的原则，主要是基于以下考虑：

一是污染治理任务相当艰巨。全国流经城市的河段普遍受到不同程度的污染。"三河三湖"虽然经过多年治理，水质至今没有根本好转。长江三峡库区及上游、黄河小浪底水库及上游、松花江又因污染问题突出相继被列为治理重点。在大城市空气环境质量有所好转的同时，一些中小城市污染有加重趋势。以煤为主的能源结构长期难以改变，燃煤量快速增长与脱硫设施建设进展缓慢的矛盾日益突出，二氧化硫治理面临巨大压力。工业污染尚未得到有效控制，还有相当多的工业污染物没有纳入治理范围，因企业管理不善造成的污染依然严重，由生产事故引发的环境污染事件相当突出。

二是环境污染造成的危害非常大。近年来发生的突发环境事件，基本上是由于环境污染造成的，而且频率逐渐增加，范围不断扩大，有的甚至造成严重后果。据统计，2005 年发生的环境事故中，有 97.1% 属于污染事故，其中水污染事故占 50.6%，大气污染事故占39.8%。因环境污染引发的群体性事件逐年增多，而且多发于经济发达地区，对抗程度明显高于其他群体性事件。

　　三是社会对污染问题反映强烈。近年来，群众的环境投诉快速攀升。群众来信中95%反映的是污染问题，群众来访中93%的诉求是摆脱污染困扰。"两会"期间代表、委员的议案和提案，反映的环境问题绝大多数都是污染问题。

　　四是污染压力持续加大。未来15年，我国工业化、城市化进程加快，消费发生转型，汽车、房地产、基础设施的快速发展将对能源原材料工业产生巨大需求，污染产生量也将随之增长。据专家测算，按现在的资源消耗和污染控制水平，2020年污染负荷将比2000年增加4~5倍。因此，污染问题在今后相当长的时期仍然是环保工作的主要矛盾，必须树立长期奋斗的思想。

　　污染防治是当前我国环保工作的主战场，也是环境保护的航空母舰。市场经济的一个基本规律，就是资金、财富总是向基数大、流动快的地方迅速聚集。只有把污染防治摆上重要位置，才能够动员各方面力量，共同推进这项工作。把污染防治作为重中之重，实际上是环保工作的战略重组。这好比一个公司要上市，只有将不良资产进行剥离，将优质资产重组到拟上市的公司，公司上市才有可能得到批准，上市后资产质量才会好，效益才会高。

　　"民以食为天，民以水为本"。在重中之重的污染防治工作中，保障饮水安全又是首要的任务。饮水问题关系到人民群众的基本生存需求。胡锦涛总书记多次对群众饮水问题作出重要批示，明确指示"要增强紧迫感，深入调研，科学论证，提出解决方案，认真加以解决，使群众喝上'放心水'"。当前，全国有近三亿农村人口饮用不合格的水，保障农村饮水安全的任务相当繁重。同时，城市饮用水源也潜伏着危险。目前，我国饮用水源地水质评价标准中有机物指标偏少，一些饮用水源水质状况调查结果表明，一部分水源地检测出挥发性和半挥发性有机污染物以及有机氯、有机磷农药。让群众喝上干净的水，是党和政府赋予环保部门维护群众环境权益的重要职责。如果不能有效解决饮水安全问题，将愧对人民群众，愧对环保事业。因此，要把饮用水源保护作为民心工程、德政工程，切实抓紧抓好。

强调污染防治绝不是回到"三废"治理的原点，而是环保工作的战略重组，是做强做大环保工作的重大举措，是污染防治工作质的飞跃。同时，抓重点并非只谋重点，不顾全面，而是要以重点带动全局。全面推进、重点突破是两点论和重点论的统一。在全面推进七项重点任务的同时，着力抓好"重中之重"和"首要任务"的攻坚克难，事实上是对生态保护工作的一个新拓展。以污染防治为重点，要求生态保护工作不仅要抓住本领域的突出问题不放松，而且要紧紧围绕污染防治这个重中之重开展工作，将生态保护的领域进一步拓展，实力进一步壮大，工作不仅没有削弱，反而会得到加强。

加强污染防治，必须坚持"预防为主、综合治理"，强化从源头预防污染，以大工程带动快治理。要坚持污染防治与生态保护相结合，把生态治理作为污染防治的战略措施，围绕饮用水源地保护和流域污染防治，做好生态保护工作，以生态修复扩大环境容量，以生态措施治理环境污染；加强自然保护区管理，保护生物多样性。

两件大事立根基

环境管理的基本职责是"统一环境规划、执法监督和环境信息发布，加强综合管理、服务群众和参与宏观决策"。一套现代化的、完善的环境管理支撑体系包括环保法规政策、环境监测预警、环境执法监督、环境科学技术、环境宣传教育和环保产业经济等体系。其中，"环境监测预警"和"环境执法监督"均属政府行为，不仅是环境管理的重要组成部分，而且是全面提升环境管理水平的重要途径和有效手段；准确可靠的环境监测预警数据、信息是制定和执行环保法律法规、条例制度、政策标准和规划计划等的依据，科学高效的环境执法监督是其执行的途径，两种资源的优化配置和高效组合构成了最基础、最基本的环境监管支撑体系。

环保部门的权威主要来自严格执法监督，如果执法队伍软弱无力，监督管理就会严重失控。同时，执法监督的基础在于环境监测，"这对于摸清污染情况、强化环境执法十分重要。"只有知实情，才能断是非"。如果没有科学的手段，就难以取得准确的数据，决策和管理就没有依据。构建好环境监测预警和执法监督两大体系，不仅是环保工作的当务之急，而且是做好环保工作的根本保证，是各级环保部门的立足之本。

加快构建"两大体系"，有利于尽快完善环境监管能力，巩固环境管理工作基础；有利于贯彻全面推进、重点突破的总体思路；有利于加快改变被动、事后、补救、消极环保的状况，尽快形成主动、事前、预防、积极环保的新格局，加快推进环保工作的历史性转变。

目前我国环境监测总体水平不高，一些城市监测点位布局不合理，有的甚至只有一个点位，现有的数据不能全面反映城市环境质量状况。一些县环保局的监测设备还比不上中学实验室。频繁发生的污染事故，凸显了环保应急能力的严重滞后。兰州市西固区曾发生硫化氢泄漏事故，环保工作人员在没有任何监测和防护设备的情况下，不得不用鼻子去闻，结果造成脑神经伤害。污染源量大面广与监管能力薄弱形成强烈反差，经费不足又难以建设污染源自动监控体系，无法对污染源形成全面有效的监管。一些企业把污染治理设施作为摆设，执法人员来了"开机欢迎"，执法人员一走"关机欢送"。

"先进的环境监测预警体系"是为了顺利完成环境质量监视性监测、污染源监督性监测、环境污染事故应急监测和重大环境问题专项调查性监测任务而建立的一套先进的、完整的、符合国情的环境监测的法规制度、业务管理、技术装备、技术标准和人才保障体系，其显著标志是"法规健全、体制顺畅，数据准确、代表性强，方法科学、传输及时，人员精干、持续发展"，核心是监测预警。做到全面反映环境质量状况和变化趋势，及时跟踪污染源污染物排放的变化情况，尽可能地准确预警和及时响应各类环境突发事件，满足环境管理需要。

构建"先进的环境监测预警体系"，是要建立和完善全国环境质量监测和污染源监督性监测网络，形成科学的网络运行机制和信息发布制度；设置科学的环境监测管理系统，理顺环境监测的机制和体制；要具备达到标准的常规监测能力和应急监测能力；要建立和完善科学的环境监测技术系统、先进的技术装备系统、实用的质量管理系统；要建立高素质的人才队伍和完善的后勤保障系统。

构建"完备的环境执法监督体系"，要有健全的环境行政执法责任制。将行政执法权力与执法责任有机结合，健全责任追究制度，完善环保系统内部稽查机制；要依法界定执法职责，科学设定执法岗位，明确执法程序，公布执法结果；要有健全的执法机构、强有力的执法队伍和先进的执法装备；要建立内部监督、层级监督和外部监督相结合的监督机制，完善环境违法举报制度；要建立污染受害者法律援助机制、环境民事和公诉制度，完善环境犯罪案件移送程序。

"先进的环境监测预警体系"的核心是监测预警，"完备的环境执法监督体系"的核心是执法监督，其基本要求是先进性、完整性和系统性。

目前的环境监管能力状况与环境管理的需求不相适应，主要表现在法规制度不全、体制机制不畅、职责能力不强、经费保障不力等。新世纪新阶段，构建"两大体系"，保护生态环境，重任在肩。

三项制度严约束

环境影响评价制度、污染物排放总量控制制度、环境目标责任制这三项制度，是环保部门参与环境与发展宏观综合决策的切入点、路标和钥匙，是实施环境保护综合管理的重要保障。以环境目标责任制为龙头、把总量控制和环境影响评价作为切实可行的调控手段，是全面提升环境管理水平，确保环境保护目标最终实现的必由之路。

环境影响评价制度

长期以来，人们对于人类活动所造成的环境影响，处于被动防治状态，在环境被污染或破坏之后，再去采取补救措施。在沉重的代价面前，人们逐步认识到经济发展、大型建设项目对环境的影响，有些是无法在事后挽救的，于是环境影响评价作为一种措施和手段应运而生。环境影响评价制度，是指对规划和建设项目实施后可能造成的环境影响进行分析、预测和评估，提出预防或者减轻不良环境影响的对策和措施，进行跟踪监测的方法与制度。它是正确认识经济、社会和环境之间相互关系的科学方法，是正确处理经济发展与环境保护关系的积极措施，也是强化区域环境规划管理的有效手段。

我国从 1979 年开始实施建设项目环境影响评价制度，经过 20 多年的实践，已经形成了比较完善的环境影响评价技术和管理体系，评价和审批工作逐步规范。但是，随着经济活动范围和规模的不断扩大，区域开发、产业发展和自然资源开发利用所造成的环境影响越来越突出，特别是因有关政策和规划所造成的各种环境问题已经成为影响我国可持续发展的重大问题。

环境影响评价包括战略环评、规划环评和建设项目环评三大类。战略环境影响评价尚处于摸索阶段；规划环评已经有了法律依据，正处于起步阶段；建设项目环境影响评价则处于巩固提高、深化发展阶段。要把规划环评作为环保部门参与综合决策的主渠道，在试点的基础上，全面推行各类规划的环境影响评价，建立完善规划环评专家审查机制，提高实施规划环评和决策环评的能力，从源头上防止环境污染和生态破坏，使保护环境的着力点从微观层面进入宏观层面。通过严格环境准入抑制粗放型经济增长。

"十五"期间，环境保护指标没有完成，依然是老账未还，又欠新账，环境污染仍在恶化，要实现"十一五"环保目标，必须坚决做到不欠新账、多还旧账。而不欠新账的关键就在于能不能把好环境影响评价这个重要的关口。

当前，强化环评制度重在落实。要用改革的办法解决环评工作中存在的问题，切实提高环评质量，使之真正成为宏观经济管理的"调节器"，防止环境污染和生态破坏的"控制闸"，预警宏观经济发展趋势的"晴雨表"，维护群众环境利益的"撒手锏"。必须尽快扭转重审批轻监管、未审批就开工、不审批也建设的局面，切实做到环评提出的污染防治、生态保护措施与建设项目主体工程同时设计、同时施工、同时投产使用。

环境影响评价是把住环境污染和生态破坏的"关口"，是保障科学发展的"利剑"，也是人民赋予环保部门最大的权力。如果把不好这道关口，今天的新项目，就是明天的老污染，埋下隐患。要珍惜人民赋予的权力，用好这一"撒手锏"，不能向未来犯罪。

污染物排放总量控制制度

污染物排放总量控制，是指根据一个地区（区域或流域）的环境特点和自净能力，依据环境质量标准，将污染物排放总量控制在环境承载能力范围之内。它是根据当前我国的环境状况，着眼于解决当前我国环境的重点问题而采取的一项管理制度。通过控制污染"增量"，削减污染"存量"，使污染排放"总量"控制在环境容量允许的范围内。通过实施总量控制，促进环境保护的宏观控制、环境管理因地制宜，推动区域产业结构优化升级、经济布局合理有序。

落实污染物排放总量控制制度，是关系可持续发展全局的重大任务。它是环境管理的核心及技术手段，也是减少环境污染的"总闸门"。污染物排放总量控制制度落实得如何，直接关系到"十一五"期间"主要污染物排放总量减少 10%"的经济社会发展约束性指标的实现。

长期以来，我国环境管理主要采取污染物排放浓度控制，浓度达标即视为合法。近年来，国家适当提高了主要污染物排放浓度标准，但由于受技术经济条件的限制，以及区域经济发展不平衡、区域环境状况差异大、功能分区不一致等原因，单靠控制浓度达标还是无法有效遏制一些地区环境污染加剧的趋势，必须对污染物排放总量进行控制。

污染物排放总量控制制度的推行涉及面很广，操作也比较复杂，目前总量控制的关键还是要有科学的污染物总量测算方法和合理的指标分配方法。要根据各地的环境容量、经济社会发展水平、产业结构及排污状况等综合因素，科学确定总量控制目标。要做到"五落实"：

总量控制指标落实到重点行业的结构调整中，依靠淘汰落后生产能力腾出总量；落实到重点流域区域城市海域的污染治理中，依靠环保工程减排总量；落实到城市群的建设规划中，依靠优化发展降低总量；落实到重点企业的发展中，依靠清洁生产削减总量；落实到建设项目环评审批中，依靠"以新带老"消化总量。

要通过强化限期治理、排污收费、排污许可证等管理措施削减总量。要科学合理地利用环境容量优化产业布局，在满足环境容量、实现环境目标的同时，为经济建设提供发展空间。

污染物排放总量控制制度是一项需要创新的环保制度，是环境保护的高科技领域。如何科学合理地分配总量指标，及时有效地监控完成情况，宏观与微观相结合地落实控制任务，是摆在面前的一项重大课题。

环境保护目标责任制

环境保护目标责任制形成于 20 世纪 80 年代初期，是我国环境管理体制的一项重大改革，是当时推行的五项制度（环保目标责任制、城市环境综合整治定量考核、排污许可证制度、污染物集中控制和限期治理）中的重要一项。这一制度的实施对于改善我国的环境状况，明确各级地方政府的环境保护责任，增强环境保护意识起到了重要的作用。

各项环保任务落到实处并最终完成，必须明确责任。要通过科学、有效的政绩考核，引导各级领导落实科学发展观，克服急功近利的短期行为，切实加强环境保护。要通过落实目标，强化责任，增强各级政府和有关部门的责任感，调动各方面的积极性，形成千帆竞渡、百舸争流的气象。要将环境质量、污染物排放总量、重点环保工程等各项目标和任务分解到各级政府，一级抓一级，层层抓落实，确保认识到位、责任到位、措施到位、投入到位。要对主要污染物的削减目标完成情况进行严格考核，做到每半年公布一次，年终检查一次，五年全面验收一次。同时要在落实科学发展观的过程中，将环境保护纳入地方党政领导班子和领导干部综合评价体系，将环保指标列入干部实绩分析评价重点，推动环境保护目标责任制的全面落实。

确保环保目标的实现，还要实行严格的环境保护问责和奖惩制。监察部和环保总局为此联合发布了《环境保护违法违纪处分暂行规定》。落实这个规定，对完成任务好的表彰奖励；对没完成任务、环境质量恶化、发生重大污染事故的要追究责任。要把各省、自治区、直辖市环保目标考核结果向党中央、全国人大、国务院报告，向社会公布，以加强对其严肃性和重要性的认识，真正将环保责任落到实处。

"十一五"期间化学需氧量和二氧化硫削减10%，是一条不可逾越的红线。要确保任务的如期完成，必须使责任"纵向到底、横向到边"，要将总量指标落实到省，做到指标到省、责任到省；任务分解到各个部门，各部门按照各自职责推动和落实，指标分解到重点企业和重点治污工程，采取有效措施削减污染。《决定》

规定，地方人民政府和有关部门主要负责人是本行政区域和本部门的第一责任人。要将责任落实到省长、主席、市长、部长。各级政府要层层签订责任书，实行年终"一小考"，三年"一中考"，五年到期"一大考"，并将考核结果作为奖惩、问责的重要依据。

环保目标考核和责任追究制度是落实政府环境保护责任的重要保障，是各部门依法履行环保职责的重大举措，是环境保护的"龙头"制度。对环境质量负责，是法律赋予各级政府的神圣职责。政府负责、各有关部门齐抓共管、环保部门统一监督管理，是落实环境保护基本国策的有效机制。

四项工作一起抓

做好环保工作，关键在法制，基础在宣传，支撑在科技，出路在创新。只有切实加强环境政策法制、宣传教育、科学技术、国际合作，才能做到基础扎实，保障有力，从根本上提高环境保护的工作水平。

加强环境政策法制

早在 1948 年，毛泽东同志就强调，"政策和策略是党的生命，各级领导同志务必充分注意，万万不可粗心大意"。胡锦涛同志在 2004 年中央人口资源环境工作座谈会上强调，要"坚持发挥政策的杠杆作用，加强对重要资源供求的宏观调控"，"坚持依法办事，把人口资源环境工作纳入法制轨道"。温家宝总理在第六次全国环境保护大会上强调，"强化法治是治理污染、保护生态最有效的手段，要把环境保护真正纳入法治化轨道。加强环境立法，健全和完善环境法律体系。建立完备的环境执法监督体系，坚决做到有法必依、执法必严、违法必究，严厉查处环境违法行为和案件"。"决不允许违法排污的行为长期进行下去，决不允许严重危害群众利益的环境违法者逍遥法外"。这些重要指示为加强环境政策法制建设指明了方向。

从我国当前的实际情况来看，环境管理正处于严格法制的阶段，同时也需要经济手段和必要的行政手段，其中法制是基础，经济政策是先导。没有严格的法制手段，其他措施也就失去了存在的前提；没有适宜的经济政策，就难以调动群众广泛参与环境保护的积极性。综合运用各种手段保护环境，是环保事业加快发展的必然选择。

迄今为止，我国已经制定了九部环境保护法律、15部自然资源法律，制定颁布了环境保护行政法规 50 余项，部门规章和规范性文件近 200 件，军队环保法规和规章十余件，国家环境标准 800 多项，批准和签署多边国际环境条约 51 项，各地方人大和政府制定的地方性环境法规和地方政府规章共 1600 余件，初步建立了符合我国国情的环境保护法律体系。但是，也要清醒地看到，环境政策法制工作还很不适应环保工作的要求，经济、技术政策偏少，实用的政策偏少，政策间缺乏协调；现有环境法律法规偏软，可操作性不强，对违法企业的处罚额度过低，环保部门缺乏强制执行权；地方保护主义严重干扰环境执法，有法不依、执法不严、违法不究的现象还比较普遍，一些地方监管不力的问题还很突出；执法监督工作薄弱，内部监督制约措施不健全，层级监督不完善，社会监督不落实。这些都需要进一步采取更加有力的措施，改变这种不利的状况。

加强环境政策法制工作，是全面贯彻落实科学发展观、构建和谐社会的必然要求，是推进历史性转变的重要保障，是贯彻"全面推进、重点突破"总体思路的客观需要，是顺应世界环境管理潮流的重要举措。充分认识加强环境政策法制工作的重要性和紧迫性，切实把这项工作摆在更加重要的战略位置，深刻认识加强环境政策法制工作的重大意义，增强紧迫感和责任感，以对环境保护事业高度负责的精神，切实做好环境政策法制工作，推动环保工作的历史性转变。

加强环境科技创新

当今世界，科学技术是综合国力竞争的决定性因素，自主创新是支撑一个国家崛起的筋骨。纵览世界经济社会发展的历史，科技创新是生产力发展和人类社会进步的重要动力。

在 2006 年年初召开的全国科技大会上，党和国家提出要用 15 年的时间使我国进入创新型国家行列，把建设资源节约型、环境友好型社会作为重大任务，将环境保护作为国家科技发展的五个战略重点和 16 个重大专项之一，为环保科技事业大发展带来了前所未有的大好机遇，标志着我国环保科技工作进入了一个蓬勃发展的新时期。

当前环保科技的现状和能力与国家环境保护的要求还很不适应，环境管理与决策缺乏依靠科技的工作机制，许多重大环保决策未经前期研究和充分论证，就匆忙出台，影响了决策的质量；近年来环保系统科技工作大幅度下滑，重大研究和调查项目较少，基础数据严重缺乏，部分成果与管理脱节，更有甚者，有的数据失真，不能真实反映环境状况和真实情况；污染防治技术储备严重不足，科技成果转化率较低，难以形成产业化，企业污染治理技术水平普遍不高、达标不稳定。核与辐射安全研究水平较低。环境监测和执法的技术支撑不足，监测预警和执法的基础能力薄弱。环保标准体系亟待完善；科技队伍素质有待进一步提高，优秀的中青年科技人才偏少，部分科研院所热衷于搞经营，长期不做科研，游离于环保科技主战场之外；科技投入严重不足，没有形成稳定的环保科技投入机制，科研基础条件落后等等。凡此种种，难以满足解决复杂环境问题的管理需要，这种状况必须尽快改变。

加强环境宣传教育

环境宣传教育是推动环境保护工作的手段。中国共产党历来重视宣传教育工作，环保事业更是靠宣传起家和推动的，宣传教育是喉舌，是开展环境保护工作的群众基础。

实现历史性转变需要全国人民共同参与，需要各级政府及各部门通力合作，这就要求扩大历史性转变宣传的覆盖面，提高全社会对历史性转变的认识。目前对于历史性转变的宣传，系统内多、系统外少，零散的多、系统性的少，泛泛而谈的多、重点宣传的少，迫切需要拓宽宣传范围，加大宣传力度。

保护环境是全民族的事业。建设环境友好型社会需要每个公民身体力行。只有全社会形成崇尚节约、保护环境的良好氛围，人人为之尽责出力，环保事业才有希望。

在宣传教育上，要持之以恒地协同配合有关部门和新闻媒体，坚持不懈地开展环境政策法规宣传，不断提高全社会的环境法制观念；要加强对领导干部、重点企业负责人的环保培训，提高依法行政和守法经营意识；要争取将环境保护列入素质教育的重要内容，强化学校环境基础教育，开展全民环保科普宣传；要倡导环境文化和生态文明，提升全民环境伦理道德水准，自觉约束自身环境行为；要及时报道和表彰环境保护的先进典型，公开揭露和批评污染环境、破坏生态的违法行为。要树立社会主义荣辱观，在全系统形成知荣辱、树新风、促和谐的文明风尚。大力弘扬中国环保精神，提高环保系统的凝聚力和战斗力。

加强国际环境合作与交流

推进中国环保的历史性转变，需要制定相关的经济政策，完善相应的经济制度；加大环境保护的力度，需要创新适用的环保技术，发展先进的环保产业；而开创环保的美好未来，需要从更高的视角、更广的领域、更深的层次开展国际环境合作与交流。

保护环境是人类共同的事业。当前，环境问题已经成为国际关系、国际贸易的重要内容和影响国家对外形象的重要因素，也是国际合作中最活跃的领域之一。要积极参与国际环境公约和京都议定书的谈判，认真履行国际环境公约，树立负责任的大国形象。要加强与周边及广大发展中国家的环境合作，维护我国和其他发展中国家环境权益，努力消除"中国环境威胁论"的不良影响。同时，要积极引进国外先进的管理技术和经验，促进我国环境管理水平的提高。

五大建设强能力

思想、组织、作风、业务、制度"五大建设"，涵盖了党的建设和机关工作的主要内容，具有整体性、实践性、长期性的特征。加强"五大建设"，是建设勤政、廉洁、务实、高效政府机关的有力保障。

推动环保事业的发展，必须把队伍能力建设摆在更加突出的位置。按照"工作高效率、服务高质量、对自己高标准"的"三高要求"，全面开展"五大建设"。开展"五大建设"符合当前环保干部队伍建设的实际，是从整体上提高干部素质，加强环保队伍建设，推进环保事业发展的重大举措。开展"五大建设"活动，使每一位干部都按照"三高"要求来工作，同时努力在机关单位形成既有民主又有集中、既有自由又有纪律、既有统一意志又有心情舒畅的"六有"局面。使每个同志争先恐后地工作而没有顾虑，放心大胆地开拓而没有羁绊，扎扎实实地创业而没有懊悔。

思想建设

思想建设是"五大建设"的基础。抓好"五大建设"，必须坚持思想领先的原则。思想建设的重点是严格遵守政治纪律，与党中央保持高度一致，确保党中央、国务院政令在环保系统畅通无阻。

加强思想建设，必须坚持以科学发展观为指导。科学发展观是指导发展的世界观和方法论。历史性转变是全面落实科学发展观的必然产物，是科学发展观在环保领域的集中体现。以科学发展观指导环保工作，将思想认识真正统一到历史性转变的要求上来，通过环保工作的战略重组，着力解决危害人民群众健康的突出环境问题，坚决摒弃以牺牲环境换取经济增长的做法，坚持走以保护环境优化经济增长的路子，积极建设环境友好型社会。

加强思想建设，增强党性修养。古人说"德教为先"，"修身为本"。广大党员干部要牢固树立党章意识和社会主义荣辱观念，自觉遵守党章的规定和要求，坚定共产主义理想信念，端正人生观、世界观、价值观。坚持在重大事件的关键时刻、在"公"与"私"发生矛盾的时候、在单独存在和独立工作时看表现，做到"慎独、慎言、慎恒"。这是党性锻炼的"真谛"。

加强思想建设，遵守政治纪律。政治纪律关乎政治方向、政治立场、政治态度，是最重要的纪律。毛泽东同志曾有"纪律是执行路线的保证"的经典名言。推进历史性转变是一项伟大的事业，比以往任何时候都更需要铁的纪律和高度的统一。各级干部特别是领导干部，立身行事要讲纪律、重法度，一念之非即遏之，一动之妄即改之，自觉地同党中央在思想上、政治上保持高度一致，毫不动摇地执行党中央、国务院的指示，做一名政治上坚定的环保干部。

加强思想建设，把反腐倡廉放在十分重要的位置。从巩固党的执政地位的战略高度认识反腐败斗争的极端重要性，从总局承担的全国环保工作指挥部的重任来认识勤政、廉政的特殊重要性。千里之堤，溃于蚁穴。防微杜渐，从不请客送礼、不铺张浪费、不收受贿赂的"约法三章"做起。

加强思想建设，进一步解放思想。在环境形势如此严峻的情况下推进历史性转变，没有现成经验可以照搬，没有现成模式可以借鉴。这对总局是一次严峻考验。只有解放思想，尽快进入角色，进入状态，才能担当起历史赋予的重任，才能不辜负党和人民的重托。

组织建设

组织建设是"五大建设"的保障。毛泽东同志说过：政治路线确定以后，干部就是决定的因素。邓小平同志强调：事业发展关键在人。选好人就有希望，选不好人就没有希望。组织建设的重点是按照《党政领导干部选拔任用工作条例》选好人、用好人。

大力加强各级领导班子建设。火车跑得快，全凭车头带。领导班子是带动事业发展的核心力量。加强领导班子建设的四个关键环节是加强学习和团结，加强信任和谅解，加强民主和集中，加强纪律和监督。实践证明，领导班子只有做到这四个方面，才能威信高、形象好，有号召力；才能同甘苦、心相连，有凝聚力；才能想干事、会干事，有战斗力。

加强干部队伍建设。为政之要，首在用人。当前，环保工作正处于推进历史性转变的关键时期，要认真落实《条例》，以对事业高度负责的精神，给想干事的人以机会，能干事的人以舞台，干成事的人以荣誉，不干事的人以危机。要把那些政治坚定、能力突出、作风过硬、善于推进历史性转变的优秀干部选拔进各级领导班子，形成朝气蓬勃、奋发有为的领导层，从组织上、机制上保证科学发展观的落实。同时，将关心基层、加强后勤、建设机关作为一项重要任务，使广大干部职工没有后顾之忧，全心全意地投入到工作中去。

作风建设

作风建设是"五大建设"的关键。作风建设关系到事业兴衰成败，是对执政能力的重要检验。作风建设的重点是下工夫抓落实，在抓落实上看能力，在抓实干上看素质，在抓细节上看水平。

围绕环保工作的战略重组狠抓落实。战略重组是优化资源配置，实行全面推进、重点突破的重要保障。要围绕全面推进、重点突破的总体思路，确定工作目标，统筹规划，合理安排，朝着一个方向共同努力。

加强调查研究。调查研究是深入实际，了解实情，探究事物的本质和规律，形成并加深对客观事物的科学认识。调查研究是认识世界和改造世界最有效的方法和途径，是制定正确的目标任务、战略战术、方针政策的基础和前提。在制定重大发展战略和规划、确定与群众切身利益密切相关的重大项目的时候，在对重大问题的认识上产生分歧、难以作出决断的时候，在总结推广重要实践经验的时候，在工作上出现失误或挫折、打不开局面的时候，在出现带有苗头性和倾向性问题的时候，都要搞好调查研究。

改进工作作风。环保工作事关人民群众的身体健康，来不得半点虚假。要在求真务实上下苦功，切忌花拳绣腿，搞形式主义。过多过滥的评比、达标、表彰、创建、论坛、展销、检查等，占用了有限的行政资源，加大了行政成本，强化了官僚主义作风，群众和基层环保部门怨声载道。要对各类活动进行系统整合，坚决撤销形式主义色彩浓重的活动。要大力发扬求真务实精神，脚踏实地，埋头苦干，深入基层，排忧解难，面向实际，解决问题，不图虚名，不务虚功。

解决"文山会海"问题。环保任务越是繁重，越要集中精力抓重点、抓长远、抓大事，切忌陷于"文山会海"之中。在减文减会方面必须拿出硬措施，建立严格的制度，使机关、行业、社会看到新面貌。凡是可发可不发的文件一律不发，可开可不开的会议一律不开。绝不能各自为政、文出多门、政策打架，绝不能用会议落实会议，文件落实文件，要彻底扭转"整天忙于开会，工作穷于应付"的局面。

业务建设

业务建设是机关建设的核心。机关建设的成效最终要体现在业务工作上，体现在落实全面推进、重点突破总体思路上，体现在推进历史性转变上。业务建设的重点是端正业务思想，提高业务水平，尽快适应历史性转变的要求。

建设学习型机关。一个好的思路，好的办法，好的观点，好的决策，必须靠深厚的理论根底和渊博知识作基础。在实际工作中，经常发现凡是工作有创新、有业绩的干部，也是热爱学习、善于学习的干部。环保工作是一项极其复杂的系统工程，从事环保事业需要丰富的知识，而历史性转变又向环保干部提出了更高更新的要求。干好环保事业，必须加强学习。推进历史性转变，环保总局要带头建设学习型机关。

提高决策水平。决策能力直接关系到环保工作的水平。要充分认识社会主义初级阶段的基本特征，努力探索经济建设、社会进步、环境保护的发展变化规律，切忌提出不切实际、违背规律的目标、任务和措施。要坚持科学决策、民主决策、依法决策。要充分发挥办公秘书人员在参与领导决策中的主观能动作用。

提高协调配合能力。协调配合是机关工作人员必须具备的重要能力，也是机关业务建设的重要内容。环保总局肩负着环境保护综合管理的重任，机关干部是否具备较强的协调配合能力，直接关系到工作成效。要按照相互理解、加强沟通、合作共事、共谋发展的原则，主动与各有关部门密切合作，齐心协力推进环保工作。要提高驾驭社会环保的能力，调动各方面的积极性，共同推动环保事业的蓬勃发展。

加强实践锻炼。总局机关干部学历高、年龄轻、整体素质好，是环保事业发展的希望。但实践经验不足也是一个不争的事实。如果制定的政策脱离实际、发出的文件过于学究、想出的点子难以落实，长此以往，基层就会产生埋怨情绪，严重影响工作效果。要积极创造条件，让年轻干部多到实践中锻炼成长。年轻同志也要主动弥补经验的不足，在向书本学习、向专家学习的同时，更加注重在干中学，在学中干。要多听基层同志的意见和建议。

制度建设

制度建设是"五大建设"的落脚点和归宿。抓好"五大建设"必须坚持以制度建设为保障。有了制度就可以防止人存政举、人亡政息，就可以减少矛盾的产生，增加透明度，易于做到公平、公正、公开，便于提高工作效率和质量。因此，必须坚持用制度管事，用制度管人。

制度完善要突出"管用"。对已有的制度，要完善充实，使之更加趋于严密；对新形势下出现的新情况、新问题，要研究制定相应的制度措施，使之少留"空白"；对已经过时的制度，要认真清理修改，做到与时俱进；对改进作风中创造出的好经验，好做法，要用制度固定下来。尤其要注意建立三项制度：全面实行工作责任制度，对重要工作实行目标分解，落实到责任单位、责任人；建立牵头单位负责制度，对涉及多个单位的工作，牵头单位要认真负责，发挥协调抓总作用，参与单位要积极配合，防止推卸责任；建立完善督促检查制度，切实解决"重部署、轻督察"的问题。

制度形成要突出"高效"。着眼于方便基层、方便群众，进一步规范公务行为，简化办事程序，提高公文质量，减少办事环节。凡能解决的问题要尽快解决，一时解决不了的问题要积极创造条件加以解决，确实不能解决的问题也要说明原因。要采取限时办结等措施，建立方便、快捷、高效的行政服务新机制。

制度执行要突出"严格"。有了制度关键在于落实，否则，再好的制度也会形同虚设。只有制度落到实处，工作起来才能政令畅通，应对难题才能泰然自若，才能真正经得起大风大浪的考验。要重视激励和监督，使真抓实干的干部得到褒奖和重用，对因工作作风问题造成工作损失的要受到批评和惩戒。

六大关系促协调

环境保护涉及方方面面、各个领域。各种矛盾和冲突不可避免。如果处理得好，环保工作就会沿着正确的方向健康发展；处理不好，就会相互掣肘，彼此阻碍。环保部门必须坚持以科学发展观统领全局，在继承中创新，在改革中发展，主动处理好六大关系。

要处理好经济发展、社会进步与环境保护的关系。环境保护说到底是处理环境与发展的关系，处理人类对物质产品需求与环境需求的关系。一句话就是处理好经济发展、社会进步与环境保护的关系，关键是要加快推动历史性转变。

要处理好当前与长远的关系。环境保护的基础性、战略性，环境形势的严峻性、复杂性，环保工作的长期性、艰巨性，要求既要集中力量解决与人民群众利益最直接、最现实的环境问题，又要把事关中华民族长远发展的环境问题摆上议程统筹规划；既要抓住一些短期能够见效的环境问题，集中力量攻坚克难，尽快改变现状，又要稳扎稳打，步步为营，逐步解决长期影响群众利益的难点问题；既要尽力而为、积极进取，又要量力而行、稳步推进。环境保护的目标一旦确定，就要一步一个脚印地向着目标迈进，在实际工作中绝不能出现偏移，更不能逆向操作。

要处理好政府主导和市场推进的关系。"市场失灵"是环境保护领域的突出特点，"政府主导"是环境保护的必然要求。政府的作用主要体现在：一是制定环境政策法规，加强环境执法，规范环境行为；二是对具有公共和准公共产品性质的环保领域进行投资；三是完善机制，制定有利于环境保护的经济政策，促进企业和社会投入，建立全国统一的环保产业大市场。政府履行环保职责，必须完善环保部门统一监管与有关部门分工负责的协调机制。要按照相互理解、加强沟通、合作共事、共谋发展的原则，主动与各有关部门密切合作，形成管理环境的合力。市场在污染治理中发挥着配置资源的基础性作用。要通过推行污染治理市场化，吸引社会资金。通过排污交易试点，提高环境治理效益和资金使用效率。在实际工作中，该由市场发挥作用的领域政府不能包办代替，该由政府承担的责任绝不能"缺位"，该由市场配置的资源政府绝不能垄断。

要处理好中央与地方的关系。我国实行地方政府对辖区环境质量负责和分级管理的体制。做好环保工作，必须充分发挥中央和地方两个积极性。国家在确定环境目标、制定环境政策法规和环境规划时，既要维护全国环保工作的整体性，又要考虑区域自然环境与经济发展的差异性，为地方环保工作的自主性留下一定空间。在保持全国环保工作统一性的同时，鼓励有条件的地区先行一步。各地必须自觉服从国家环境目标和总体部署，自觉服从国家对区域环境保护的统一协调，自觉加强与周边地区、特别是流域下游地区和下风向地区的协调。要因地制宜地落实政策，创造性地开展工作。地方环保部门既要对当地政府负责，又要对上级环保部门负责，要力戒地方保护主义，坚决杜绝"上有政策，下有对策"的错误倾向，保证环保系统步调一致，令行禁止。

要处理好城市与农村环保工作的关系。 长期以来，城市是环保工作的主战场。近年来，城乡环境保护"二元结构"的问题日益突出。要注重城乡发展的系统性、互补性和协同性，按照"以城带乡、以乡促城、城乡联动、总体推进"的原则，引导农民采用有利于环境保护的生产生活方式，增强农村防治污染的能力，扶持生态农业的发展。要采取严格措施，有效防止工业污染向农村转移，城市污染向郊县转移。特别要加大整治乡镇工业和规模化养殖业污染，解决农民饮用水源污染问题。与城市污染相对集中的特点相比，农村污染呈高度分散的状态。要努力把握农村环境保护的规律，积极探索尊重农民意愿、符合农村特点的环境管理模式，协同有关部门共同加强农村环保工作。

要处理好区域之间环境保护的关系。我国地形复杂、生态类型多样、区域发展不平衡，环境管理必须实行分类指导。国家提出要根据资源环境承载能力和发展潜力，对不同区域实行优化开发、重点开发、限制开发和禁止开发。这是实行分类指导的基础。要依此确定不同区域的环境"准入门槛"，设置不同区域的产业淘汰和污染治理政策。要建立区域协调机制，共同采取措施，坚决防止落后生产技术、设备和已经关闭的企业由东部向中西部转移。健全补偿机制，积极协助有关部门完善生态补偿政策，让那些为流域环境安全作出贡献的上游地区，从财政转移支付中得到补助，从受益地区获取补偿；上游省份排污对下游省份造成污染事故的，上游也要承担赔付责任。健全扶持机制，加大国家对欠发达地区环境执法监督和监测预警能力建设的支持力度。健全互助机制，加强东中西部地区的合作交流与对口支援，推动环境管理水平共同提高。

古人云，善弈者，谋势；不善弈者，谋子。要善于从实践中总结，因为实践孕育着经验，实践凝聚着智慧。总结的过程，是将零碎的、分散的、具体的实践活动进行提炼、抽象、升华的过程。实践需要总结，经验在于提炼，理论在于升华。要善于总结经验，寻找规律，由感性认识上升到理性认识。整体推进、重点突破的工作思路，就是运用马克思主义基本原理，集中全体环保人的智慧，在我国环保工作实践的基础上进行总结提炼而形成的，是在新的历史条件下坚持与发展唯物史观、不断深化对社会发展规律认识的具体表现。

在推进环保工作历史性转变的伟大实践中，要勤于思考，更要躬身实践。勤于思考且躬身实践，才能始终保持政治上的清醒和坚定，始终把握正确的前进方向，始终站在社会经济全局中分析和思考环保问题；才能准确把握事物的规律，抓住主要矛盾和矛盾的主要方面，实施有效的攻坚破难，将全面推进重点突破的工作思路落到实处；才能承前启后，与时俱进，创造崭新业绩，开拓环保工作新局面。

第七章

谋划新型发展战略

——面向未来的谋划与行动

> 地球上最美丽的花朵，是人类的智慧，是独立思考着的精神。
>
> ——恩格斯

要承认现实，承认现实才能改变现实；要充满希望，充满希望才能赢得未来；要和谐发展，和谐发展才能得到全社会的广泛支持。困难中包含着希望，艰辛中孕育着机遇，探索中蕴藏着成功。要有信心、有决心推动环保工作尽快完成历史性转变，迎接环境友好型社会的早日到来。信心和决心来自对当前环境问题的准确判断和深刻把握，来自对环保事业发展的战略思考和宏观驾驭。

在行动中推进发展

胡锦涛同志在中央政治局会议上特别强调，调查研究是我们的谋事之基、成事之道，并系统论述了调查研究的理论和方法。针对新时期环保面临的严峻形势和复杂局面，要理清工作思路、找出问题症结、找出解决办法，最有效的方法是加强调查研究。为此，我们先后组成多个调研组，分赴各地，对我国环保面临的形势、存在的主要问题及可选择的对策方案，进行了深入调研。

通过调研，我们深刻认识到，当前我国的环保事业正处在一个非常关键的发展机遇期。历史性转变的提出，顺应了环保工作的发展要求，提高了社会各界对环境保护的认识，人民群众的环保意识日益提高，各级党委、政府对环保工作的领导普遍加强，环境保护的重要性得到了广泛认可。环境保护的地位明显提高，环保工作出现了前所未有的良好发展态势。

同时，调研中也发现了许多新情况和新问题。一些地方反映当前的环境保护状况是"两头热、中间冷"，中央对环境保护的要求十分明确，人民群众要求改善环境的愿望十分强烈，但一些地方政府往往口惠而实不至，以"地方保护"来对抗"环境保护"，致使中央关于环保的决策部署在有些地方执行时走了样、打了折。

经过分析和梳理，调研共收集到七个方面的 153 个问题。其中，思想认识方面 14 个，法制建设方面 34 个，能力建设方面 21 个，体制机制方面 25 个，基础工作方面 14 个，环境管理制度方面 23 个，总局工作作风方面 22 个。这些问题涉及环保工作的方方面面，既有历史遗留的老问题，又有事业发展中出现的新情况；既有深层次矛盾引发的问题，又有当前迫切需要解决的问题；既有环保系统自身的问题，又有需要国家和有关部门帮助解决的问题。

归纳起来，当前我国环保工作存在着以下四对主要矛盾：

一是追求经济增长主动性与解决环境问题被动性之间的矛盾尤为突出。地方各级党委、政府发展经济的决心很大，愿望很强，推动经济快速增长是工作的第一要务。不少省份的经济结构虽有一定差异，但都在实施资源优势转化战略，都以"资源高消耗、污染高排放"的重工业来拉动经济增长。这种粗放型的经济增长方式，沿袭了"先污染、后治理"的发展模式，使解决环境问题变得更加被动，环境保护的形势更为严峻。实现经济发展与环境保护同步，不仅是东、中部地区需要解决的问题，也是处于工业化初期的西部地区需要面对的现实问题。

二是历史性转变紧迫性与手段措施滞后性之间的矛盾日益彰显。实现历史性转变的必要性和紧迫性，环保系统的认识已基本统一。在国家层面，现有的机制尤其是促进环保工作历史性转变的市场机制和管理机制还没有真正建立；现有的手段尤其是实现环保工作重点突破的经济手段还没有到位；现有的措施尤其是实现环保工作整体推进的工程措施还没有形成。在地方层面，由于地方不少领导对"同步"、"并重"、"综合"的认识还没到位及客观上存在的困难，加之环保手段和措施的滞后，导致不少地方党委、政府缺乏推进历史性转变的动力。

三是环保工作重要性与能力建设薄弱性之间的矛盾愈加显现。环保工作的重要性已经得到全社会的广泛认可。地方环保工作面临的压力大，任务重，系统能力建设普遍需要加强。但由于环保部门的工作经费十分匮乏，硬件设施尚不能满足工作需要。如甘肃省陇南市武都区环保局独立出来后，当时没有办公用房，又没有经费来源，为了正常开展工作，只好在公园的公共厕所上盖了两间房子作为办公用房。不少地方县一级基本都没有监测手段。总体来看，环保系统的工作能力还远远不能适应其重要性要求。如果不全面加强环保系统的能力建设就很难推进环保工作的历史性转变。

四是政策法规普适性与区域问题特殊性之间的矛盾表现明显。在推进工业化进程中，地方环保工作面临的新情况和新问题层出不穷。由于法律法规一般具有普遍适用性的特点，在制定时没有充分考虑区域的特殊性和发展水平的差异性，加之目前不少环保的法律、法规、政策和标准是在计划经济时代或体制转型时期制定的，存在可操作性不强、程序繁杂、处罚力度弱和环保部门权限不够等问题。地方的政府领导和环保部门的同志都反映，环境保护与并称为基本国策的计划生育和国土资源保护相比，其政策法规的原则性强，软法色彩浓厚；环保考核指标可变性大，导致监管处罚缺乏刚性。

调研的成果丰硕，意义深远。调研厘清了当前环保工作的症结和存在的矛盾，增强了推动环保事业发展的决心和推进环保工作历史性转变的信心，为确立新时期环保新战略提供了有益的借鉴和参考。

有为才有位。"我生有涯愿无尽"，记得我刚履行新职时一家国外网站就此发了议论，大意是中国环保的历史可能会因我的出现而走得快一些，也可能因我的出现而脚步缓慢，但是历史前进的方向永远不会改变！在推进环保工作历史性转变的进程中，在落实"全面推进、重点突破"工作思路的过程中，遇到困难和矛盾是不可避免的，回避和退缩没有出路，迎难而上、攻坚克难才能赢得更大的发展，才能将中国的环保事业不断地推向前进。推进环保事业的发展，必须在精神上保持创新的活力，在思想上保持创新的锐气，在工作上保持创新的动力，用新思想指导新实践，用新方式化解新矛盾，用新办法解决新问题。真抓实干，用真抓来推进工作，以实干来克服困难。

真抓实干的核心是抓落实。抓落实是实事求是思想路线的内在要求，是对政府执政能力的考验，也是人民群众对领导者最大的期望。抓落实的过程，是主观和客观相统一的过程，是改造客观世界和主观世界的实践活动。

从认识论的角度讲，抓落实的前提必须是深入实际调查研究，而且必须贯穿于抓落实的全过程。抓落实要分析研究事物开始、中间、后来发生的变化，不断调整思路，使之符合实际。抓落实切忌找几个典型事例说明一个现实，引出一个道理，当做普遍真理，指导一个行业的工作。要通过调研，善于从千变万化、纷繁复杂的客观事物和社会现象中及时准确地找出规律，抓住带有苗头性、倾向性的问题和反映事物本质的东西。这就需要吃透"三情"，即：吃透"上情"，认真学习掌握党和国家的一系列方针政策，把握大局，减少盲目性；吃透

"自情"，扬长避短，发挥优势；吃透"下情"，了解各行各业的发展变化，掌握工作的主动权。

抓落实，首先要打好基础。这是抓落实的先决条件，必须准确领会中央决策精神，全面掌握本部门现实情况，找到中央精神和本部门实际的最佳结合点。着力把握四个方面的要素，即工作阶段和思路、工作目标和任务、工作措施、用好干部。只有找准结合点才能审时度势，在相对和谐的环境中解决复杂矛盾，不产生大的振荡和冲突；只有把每个环节都落到实处，才能取得实实在在的效果；只有选好人才才有希望。

抓落实，要突出重点。没有重点就没有政策。所谓突出重点，就是不要平均使用力量。要把力量相对集中起来，着力解决影响全局的重点、矛盾交织的难点、公众议论的热点问题。重点工作往往同时关系到群众的根本利益，影响群众的情绪和社会的稳定，要通过认真落实重点工作，调动群众的积极性，把气力真正用在刀刃上，做到少投入多产出，争取事半功倍。这样就容易打开局面，发挥连锁效应，其他问题也会迎刃而解。

抓落实，要突破难点。抓落实就要勇于接触矛盾，敢于面对矛盾，善于解决矛盾。这是对领导者工作作风的直接检验，也是工作落实成效的关键。解决难点的过程，本身就是工作深入的过程。突破难点要有高度负责的精神、解难碰硬的勇气、锲而不舍的劲头和无私无畏的自身修养。对难点问题不能半途而废，不能绕道而行。要坚决克服 "说起来胆大，干起来胆小"，看准问题不拍板，遇到阻力就回避，碰到困难就止步，推不动的就妥协，碰了钉子就胆怯，听到议论就动摇，出点失误就灰心的现象。必须看到，难题一旦解决，工作就会取得突破性进展。尤其是领导干部，更要以良好的精神状态，身先士卒，攻坚克难，使大家振奋精神，看到希望。

抓落实，要协调力量。环保工作是一个复杂的系统工程，是一个有机的整体。每一个组成部分都不能脱离整体单独存在。各个方面相辅相成，相互依存，彼此促进。因此，每一个部分、每一个方面的改进与加强，都必须以整体的改进和加强为目的。抓落实要协调好各方面的力量，把多层次的积极力量集合起来，形成合力。要注意把消极因素转化为积极因素，发挥每一个人的聪明才智。个人情况不同，经历、阅历不同，都有长处和短处，要善于发现并使用其长处，也就是说每一个人都有 "闪光点"，要善于发现并拨亮其 "闪光点"，使其看到自身的光辉。要注意发挥人格的力量，最大限度地调动大家的积极性，发扬 "以我为主"、"从我做起"、"从现在开始" 的能动精神，向既定的目标一起努力，形成 "积力之举无不胜，众智之为无不成" 的局面。

抓落实，要靠舆论引导。舆论导向是一种无形的力量，正确的舆论导向能够引导广大群众为实现新的目标奋勇前进。在抓落实的过程中，加强舆论导向尤为重要。要十分注意抓好宣传工作，通过各种新闻媒体，及时全面地把工作目标、任务、思路宣传到基层、到群众，把政府让干的事情，变成群众要干的事情。有的问题等舆论形成后才能解决，有的则需要靠逐步产生舆论压力去解决，还有的问题，其解决的办法隐藏在没有充分暴露的各种矛盾中，这就需要用正确的舆论导向去揭露和正视矛盾，从而找到解决矛盾的正确方法。

抓落实，要讲究方法。要探索适应新形势要求的工作方法，除了学会运用权力、威信和影响推动工作，还要坚持深入实际调查研究，深入基层发现问题，找出解决问题的办法。特别是在当前形势下，要从大局出发，采取适应客观实际的工作方法，解决改革和发展中出现的新问题。要到群众有困难的地方排忧解难，到群众有情绪的地方化解矛盾，到艰苦的地方开创局面，依靠自己的模范行为和卓有成效的工作，赢得群众的信任和支持，一级抓一级，层层抓落实，转变职能，明确责任，把统揽全局的精心部署和各项任务真正落到实处，让党中央、国务院放心，让人民群众满意。

抓落实，要以典型引路。榜样的力量是无穷的，好经验、好做法对推动工作具有重要的引领作用。不论是东部、中部还是西部，尽管情况千差万别，但都有许多从实际出发、生动鲜活、各具特色的典型经验，从不同侧面、不同角度提供有关借鉴和启示。只要善于挖掘和发现典型，培养和爱护典型，充分发挥它们的示范带动作用，让各地都有典型经验学，都有身边榜样追，就能以点带面，全面推进。

抓落实，要在继承中创新，在继承中发展，在改革中创新。当前继承与创新的关键是加快推进历史性转变。要解放思想，着力解决不适应新形势、新任务的问题。凡是不适应历史性转变的思想、作风、制度等都要整改，有条件的要抓紧整改，没有条件的也要积极创造条件争取早日整改。

当前问题的解决、现有政策和措施的落实，是推进环保事业发展的前提。任何发展，都必须着眼于现实问题的解决，着眼于现实进步的积累。在现实问题面前却步，或在不落实中放任问题膨胀，将会导致矛盾的转化，使我们更难以求解未来！

在思考中谋划未来

"少年易学老难成，一寸光阴不可轻。未觉池塘春草梦，阶前梧叶已秋声。"

中国的环保事业和各项工作在有组织、按步骤地推进中初见成效，环境监管明显加强，突发环境事件得到妥善处置，环保"统一战线"正在形成，历史性转变迈出了坚实步伐，呈现出领导高度重视、部门认真落实、社会广泛参与、成效初步显现的局面，环保事业焕发出空前的生机与活力。然而，二氧化硫和化学需氧量排放量不降反升，污染排放增长趋势虽已经明显减缓，但污染减排并没有给出一个满意的数字。为向社会公布2006 年全国和各省、自治区、直辖市的污染减排情况，2007 年年初，派出 15 个调研组赴各省、自治区、直辖市核实了主要污染物的排放情况，后又召开会议反复核实了各省、自治区、直辖市所采取的减排措施。结果显示，2006 年，全国二氧化硫排放量达 2588.8 万吨，化学需氧量排放量达 1428.2 万吨，分别比 2005 年增长1.5%和 1.0%，虽然增长趋势与 2005 年相比已明显放缓，但是与减排指标的差距还是很大。

造成污染排放不降反升的原因是多方面的。经济增长方式仍然粗放，资源能源利用效率较低依旧是在短期内无法根治的顽疾；产业结构调整进展缓慢，许多应该淘汰的落后生产能力还没有退出市场，一些地方和企业没有严格执行环保法规和标准，高耗能、高污染行业的产能扩张尚未完全遏制；污染治理速度赶不上污染物产生量增长的速度，固定资产投资增长过快，新开工项目数量多、规模大；环保投入严重不足，"十五"计划确定的重点流域治污项目有 47%的计划投资没有落实；环境执法监管不力，有法不依、执法不严、违法不究的现象依然比较普遍。

污染减排的各项政策措施取得明显成效也需要一个过程。实现主要污染物削减 10%，是针对"十一五"期间五年提出的总要求，是一个动态过程，年度之间污染物排放有升降和起伏也是正常的。而污水处理、脱硫等设施的建设和投产都有一定的周期性。多方面的研究分析也表明，经过"十一五"头两年的努力，如果可以将主要污染物排放总量稳定在 2005 年的水平，"十一五"后三年将会逐步下降。

减排任务没有完成，虽然有很多外部原因，但作为直接管理机构环保部门更应该从自身去查找不足、分析原因，深刻总结、认真反思、积极应对、寻求突破。在减排问题上，认识不够到位，采取的措施与党中央的要求和人民的希望还有较大差距；能力还不够强，环境监测和执法由于种种原因，还是薄弱环节；与有关部门的沟通、协调和配合还不够，争取社会各方面的配合与支持的工作还不够深入。

2007 新年伊始，胡锦涛总书记再次对环保工作作出重要批示："当前，环保任务十分繁重。望尽心尽责，强化依法管理，加大治理力度，努力实现总量控制的目标。"曾培炎副总理随后指示："胡总书记批示十分重要，肯定了工作成绩并提出了明确要求，环保总局要认真贯彻落实。要进一步增强责任感、使命感和紧迫感，加大工作力度，落实整治措施，严格监督执法，建立长效机制，务求实现'十一五'环保目标，为建设环境友好型社会作出努力。"

2007 年 3 月 5 日，十届全国人大五次会议在北京召开。大会召开的第一天，温家宝总理作《政府工作报告》。工作报告对一年的政府工作进行了总结，肯定了工作成绩，但同时也指出了经济结构矛盾仍然突出；经济增长方式仍然粗放，突出表现在资源消耗高、环境污染重；一些涉及群众利益的突出问题解决得还不够好；政府自身建设存在一些问题。全国没有完成年初确定的单位国内生产总值能耗降低 4%左右、主要污染物排放总量减少 2%的目标。主要原因是：产业结构调整进展缓慢，重工业特别是高耗能、高污染行业增长仍然偏快，不少应该淘汰的落后生产能力还没有退出市场，一些地方和企业没有严格执行节能环保法规和标准，有关政策措施取得明显成效需要一个过程。"十一五"规划提出这两个约束性指标是一件十分严肃的事情，不能改变，必须坚定不移地去实现，国务院以后每年都要向全国人大报告节能减排的进展情况，并在"十一五"期末报告这五年两个指标的总体完成情况。

没有完成作业。虽然并没有受到过多的苛责，但坐在旁听席上的我，在那一刻，感觉就像个考试没有及格的学生，难以面对老师、家长和同学……

"两会"召开前，也曾开会讨论过指标没有完成该作何解释的问题。我的意见是没有完成就是没有完成，不能玩数字游戏，也不会在数字上作技术处理。要实事求是，不能为了保全自己的脸面，为以后的工作留下任何隐患。如果只是报喜不报忧，粉饰太平，最终受损失的是国家和人民。

3月5日，我参加了山西代表团的分组讨论。在讨论会上，山西团代表有十人发言，其中有七名代表的发言涉及环境保护问题。大家对环境问题的关注和热衷、对工作的理解和支持都是我没有想到的。

发言中我说明了指标没有完成的主要原因和下一步的工作打算，大家给了我经久不息的掌声。发言结束后，我给大家鞠了一躬。这一躬，不仅仅是歉意，更多的是对代表、对他们所代表的人民群众的理解、信任、支持的感谢。这种理解、信任、支持势必会转化为下一步工作中的无穷动力。

"十一五"期间主要污染物排放总量削减10%，这个目标绝不能动摇。污染减排是党中央、国务院确定的一项重要任务，直接关系到人民群众的切身利益，关系到中华民族的长远发展和伟大复兴。能否将这项工作落到实处，取得这场战役的胜利，是一场严峻的考验。环保部门在污染减排中负有执法监督的重要职责，"责任重于泰山"。如果执法不严、监管不力，就无法向党和人民交代。重点任务没有完成，不能总想方设法指责别人、推卸责任。要扪心自问，是否将主要心思放在了这项工作上，是否把优势力量集中到重点任务的推进上？"尽心尽责"，是胡锦涛总书记对环保工作者的谆谆嘱托，能否尽心尽责，是能否与党中央保持高度一致的原则问题，是能否维护人民群众切身利益的大是大非问题，也是领导干部的作风问题。

污染减排的任务没有完成，说明做得还不够，重点工作还需要进一步加强。2007年2月召开的主要污染物减排形势分析会上，提出了落实减排目标责任制的六条主要措施，即建立和完善科学的减排指标体系、准确的减排监测体系、严格的减排考核体系，抓紧制定出台有利于污染减排的环境经济政策，从国家宏观战略层面入手解决污染问题；严格执行环境影响评价和"三同时"制度；强化重点治污工程建设和运营监管，切实发挥污染治理效益；继续推动产业结构调整，落实国家有关产业政策；继续开展整治违法排污企业，保障群众健康环保专项行动，严惩违法排污企业。

污染减排的压力越大，越要以对国家和人民高度负责的精神，坚持和落实科学发展观。实事求是地把污染排放情况、各方面所做的工作和存在的问题，向党中央汇报，向全国人民交代，争取更多支持。同时环保工作者更要树立减排任务必须完成的坚定信心，充分发挥被动优势，调动各方面的积极性，乘势而上，全力以赴实现党中央、国务院确定的污染减排目标。

主要污染物排放总量减少 10%，是"十一五"期间必须实现的"硬"目标。但是，继 2006 年全国减排年度目标就未能实现之后， 2007 年一季度，高耗能、高污染产品出现加快增长、再度抬头的趋势。形势十分严峻。

对此，共和国的领袖们也是忧心忡忡。为了完成指标，全面推进环保工作，更是不遗余力。国务院副总理曾培炎针对当前的严峻形势给中央写了一封长信，信中提出了有关节能减排的四个问题和五条措施。温家宝总理对此高度重视，第二天就特别批示要求一定要尽快提出综合方案。

在此基础上，2007 年 4 月 26 日，国务院召开常务会议进一步明确了节能减排的主要目标任务和总体要求。国家将出台相关政策，采取措施重拳出击，以解决当前在节能减排问题上遇到的认识不到位、责任不明确、措施不配套、政策不完善、投入不落实、协调不得力等问题。会议同意国家发改委会同有关部门制定的《节能减排综合性工作方案》，决定成立国务院节能减排工作领导小组，由温家宝总理任组长，曾培炎副总理任副组长。

2007 年 4 月 27 日，国务院召开了全国节能减排工作电视电话会议，曾培炎副总理主持会议，国务委员兼国务院秘书长华建敏出席会议。国务院各部门主要负责人，有关行业协会和中央管理的在京有关重要企业主要负责人出席会议。中共中央、全国人大、全国政协有关部门和解放军总后勤部的负责人应邀参加会议。各省、自治区、直辖市，计划单列市、新疆生产建设兵团，各市（地）、县(市) 人民政府主要负责人、分管负责人及有关部门主要负责人，中央管理的京外国有重点骨干企业及地方有关企业主要负责人在分会场参加了会议。

温总理亲自参加了会议并指出，当前和今后一个时期，要着力抓好以下重点工作和主要措施：一是有效控制高耗能、高污染行业过快增长。严把土地、信贷两个闸门，提高市场准入门槛，严格控制新建高耗能项目。尽快落实限制高耗能、高污染产品出口的各项政策。立即全面落实差别电价政策，提高高耗能产品差别电价标准。清理纠正对高耗能高污染行业的优惠政策。二是加快淘汰落后生产能力。抓紧制定淘汰落后产能的具体工作方案。国家每年向社会公布淘汰落后产能企业的名单和各地执行情况，接受社会监督。三是全面实施节能减排重点工程。着力抓好节约和替代石油、燃煤锅炉改造、热电联产、建筑节能等十项重点节能工程，认真实施燃煤电厂二氧化硫治理、城市污水处理厂及配套管网建设和改造、重点流域水污染治理等七项重点污染防治工程。四是突出搞好重点企业节能减排。国家确定1000家企业作为节能减排的重点企业，各级政府要加大对重点企业的检查和指导，实施严格的奖惩措施。五是加快推进节能减排科技进步。组织实施节能减排科技专项行动，组建一批国家工程技术中心和国家重点实验室，攻克一批节能减排关键和共性技术。鼓励和支持企业进行节能减排的技术改造。六是大力发展循环经济。深化循环经济试点。搞好矿产资源综合利用、固体废物综合利用、再生资源循环利用，以及水资源的循环利用。推进垃圾资源化利用和无害化处理。全面推行清洁生产。七是完善体制和政策体系。适时推进天然气、水、热力等资源性产品价格改革。适当提高排污收费标准。健全矿产资源有偿使用制度，建立生态环境补偿机制，制定和完善鼓励节能减排的税收政策。八是加大节能减排投入。建立政府引导、企业为主和社会参与的节能减排投入机制。各级财政要加大节能减排投入。鼓励和引导金融机构加大信贷支持。按照"谁污染、谁治理，谁投资、谁受益"的原则，促使企业开展污染治理、生态恢复和环境保护。九是切实加强节能减排法制建设。加快完善节能减排法律法规体系。制定和执行主要高耗能产品能耗环保限额强制性国家标准。加大节能减排执法力度，严肃处理一批严重违反国家能源管理和环境保护法律法规的典型案件，追究有关人员和领导者的责任。十是强化节能减排监督管理。抓紧建立和完善节能减排指标体系、监测体系和考核体系，确保数据真实。建立健全并严格执行各项规章制度。加强对重点用能单位和污染源的经常监督。

温总理还强调，实现节能减排的目标任务，关键在于加强领导，狠抓落实。各地区、各部门、各企业一定要真正把思想认识统一到中央关于节能减排的决策和部署上来。真正把节能减排作为硬任务。从国务院到地方各级政府都要加强对节能减排工作的组织领导。各部门要切实履行职责，密切协调配合，形成工作合力。要全面建立和落实节能减排工作责任制和问责制。加强宣传舆论工作，充分发挥各类新闻媒体作用，加强舆论监督。要在全社会形成节约资源、保护环境的良好风尚，每一个人都要负起责任，养成自觉节约资源、保护环境的意识。

这次会议在国内外产生了强烈反响，这是一次全国性的总动员，它表明环境保护已经进入国家战略层面，从综合管理的角度强化环保工作的举措已经实施，污染减排举措已经深入到再生产的全过程。污染减排已经不再是相关部门的重点工作，而是从企业到政府到社会的全民目标和任务。举全国之力，兴全民之功，"十一五"的指标的实现，环保工作的推进，历史性转变的脚步将会大大地加快和推前。

随着环境保护逐渐进入国家战略层面，相关的研究和措施也需要进一步研究和深化。如何站在国家战略层面，站在经济发展角度来看待环境问题，研究和制定相关政策，还需要深入思考。

国内外的经验和教训表明，要想切实解决环境问题，改善环境质量，必须实现环境与经济的融合。融合的时间越早，融合的程度越高，解决环境问题就越主动，成效就越大。我国正处于工业化、城镇化加速发展时期，环境压力持续加大。不能停滞发展来解决环境问题，也绝不能以牺牲环境为代价换取经济增长。如果单纯依靠污染治理来解决环境问题，不仅需要巨大的资金支持，更要付出沉重的环境代价，甚至造成无法弥补的损失。"先污染、后治理"的道路在中国绝不能再走，也根本走不通。因为既没有容忍这条道路的环境容量，又不具备足够的物质支撑，同时这种发展模式的国际大背景也已荡然无存。更为重要的是，这完全背离了科学发展的初衷。唯一的出路是从发展的源头和全过程减少环境污染和生态破坏，最大限度地降低单位产值的污染产生量和生态损耗量，最大限度地减轻环境治理的压力。

保持适度的经济发展速度，对于经济社会全面、协调、可持续发展至关重要。实现全面建设小康社会的宏伟目标，GDP 的年增长率应该保持在 7% ~ 8%的速度。同时 7% ~ 8%的增长速度直接关系到新增人口的消费、现有人口物质和文化生活水平与质量的提高、扩大再生产和强国富民战略的实施。

"十一五"期间，环保投资每年需要 3000 亿元左右，加上生态建设的资金，需要的投资还要大得多。环保投资需求中，一部分是新建项目的污染防治投入，但相当大的比重还要还历史欠账。因此，从经济发展、社会进步和环境保护的综合分析来看，都需要保持较高的经济增长速度，为环保投资提供经济支撑。

据国务院发展研究中心的预测，"十一五"期间及今后较长时期是我国产业结构转换升级的重要时期。第一产业的收入比重将持续降低，第二产业收入比重将出现小幅上升，第三产业收入比重基本持平。在发展中将形成四类高增长产业群。一是以机械、钢铁、石化为核心的重化工业产业群；二是以汽车工业为代表的"出行"产业群，汽车工业的发展需要钢铁、有色金属、石化、玻璃、电子等许多产业配套；三是以新技术为特征的电子信息产品制造业和相应的服务业产业群；四是建筑房地产业将成为国民经济增长的主导产业群。因此，无论是三次产业的构成，还是高增长产业群，都呈现出环境压力持续加大的特点。

研究国外工业化发展的历程不难发现，越是工业化后发展国家，完成相同工业化任务的时间越短。如英国的工业化持续了200多年，美国的工业化持续了100年左右，日本战后的工业化只用了30年左右。同时，产业结构上也出现差别。英国当时的主要产业是纺织、机械、冶炼、煤炭等；美国是电力、石油、化学、汽车、铁路、无线通讯等；战后日本是电子、通讯、新材料、新能源、宇航、海洋等。目前发展中国家推进工业化基本处于"第四次技术革命"时期，新兴产业是信息、生物工程和新医药、现代服务等。同时，资源环境的约束越来越大，环境的约束作用日益强化。

从工业化时间不断缩短的趋势看，我国环境问题将继续呈现压缩型、复合型的特点，但技术上的后发优势，又可以实现一定的跨越式发展，减轻环境压力。因此，未来的环境保护，关键在于对发展的把握。如果继续沿袭粗放型的经济增长方式，必然伴随着高能耗、高物耗、高污染，资源环境对经济发展的"瓶颈制约"将更为突出；如果在新型工业化道路上取得大的突破，将会在实现全面建设小康社会的进程中，为改善环境质量带来新的曙光。

美国著名经济学家斯蒂格利茨断言，21世纪对世界影响最大的有两件事：一是美国高科技产业，二是中国的城市化。许多专家学者认为21世纪是中国的"城市世纪"。

我国已进入城市化加速发展阶段。以京津为核心的环渤海城市群，以上海为核心的长三角城市群和以香港、广州为核心的华南都市圈，推动着中国经济快速发展。专家预测，2020年我国城市化率将达到60%以上，15年内将有两亿至三亿农民进入城镇。

城市数量的迅速增长和城市规模尤其是核心城市规模的持续扩张，一方面有力推动了社会经济快速增长，另一方面又给城市基础设施、生态环境等带来巨大的压力。如果城市环境基础设施建设严重滞后于城市发展的局面不能从根本上得到改观，继续沿袭先建设后环保的发展老路，城市的环境压力将明显加大，污染会日益严重。

在城市化进程中，不仅要解决城市化滞后于工业化、基础设施欠账等造成的传统环境问题，而且要及时处理更为复杂的新问题。城市新出现的有毒有机污染物，将直接危害群众饮水安全，影响空气环境质量，甚至威胁食品安全。在解决生活中一般有机污染物污染和扬尘污染问题后，氮、磷造成的水污染问题将日益突出，大气可吸入细颗粒物危害将凸现出来。城市特别是大城市汽车尾气污染趋势加重，加上其他能源消耗过程，氮氧化物将成为一些城市的主要污染物之一。由煤燃烧、汽车尾气、扬尘叠加的复合型污染是当前和今后一段时间大气污染的重要特征，其危害更大，控制的难度也进一步加大。大批量的电子废物、废弃的汽车和轮胎，以及其他有害固体废物的问题将更加突出。

在城市化加速发展的进程中，既要加大污染治理的力度，又要在环境容量、技术水平和经济规模约束的条件下，通过优化城市经济结构，调整城市空间布局，从源头上减轻环境压力。

未来20年到30年内，我国将迎来人口增长高峰，面临人口总体素质不高、流动人口规模庞大、贫困人口脱贫难度增大几大难点。由此衍生的三大环境问题：一是总体素质不高的民众环境意识相对薄弱，难以形成有利于环境的生产方式和生活方式。二是大量的流动人口为经济社会发展创造巨大财富的同时，也给城市环境带来了巨大压力。三是现有的 2000 多万农村贫困人口为摆脱生存困境对生态环境造成的严重破坏。人口高峰的到来给生态环境带来了前所未有的压力，又需要通过大力发展经济解决三大难点问题，使环境承载能力与经济增长的矛盾更为尖锐。

国家战略势在必行

战略的成功是最大的成功，战略的失败是最大的失败。

中外古今的经验和教训反复证明，战略决策是否正确，关系到一个政党和一个国家的兴衰成败，关系到一个地区和一个部门发展的全局。战略思维的整体性原则要求观察和处理问题必须着眼于事物的整体，把整体的功能和效益作为认识和解决问题的出发点和归宿。在处理问题进行决策时，要立足整体、总揽全局，通过对各相关部分和方面及其相互关系进行合理组合，寻求实现整体功能和效益的最佳方案。

在推进我国环境保护的具体工作中，需要从战略全局的高度来思考、把握和解决环境问题，不能只做一个单纯的事务工作者。当前，环保事业正处于历史性转变的初始阶段。国内外经验表明，重大历史性转变往往孕育着重大战略的诞生，重大战略的出台也是历史性转变的重要标志和推动力量。为了从宏观战略层面制定符合国情的新时期环境保护战略，为党和国家在环境与发展领域的重大决策提供支持，综合国际发达国家和国内发达城市的环保经验，以及总局两委委员和专家的意见，研拟国家环境保护宏观战略势在必行。在我国环境与发展的关键时期，将环境保护更好地融入经济社会发展全局之中，从国家战略层面和再生产的全过程去研究和解决环境问题，十分必要和紧迫。

2007 年 2 月 8 日，环保总局局务会议讨论了有关制定《中国环境宏观战略研究方案》的问题。2007 年 2 月 16 日，就中国环境宏观战略研究致函请示曾培炎副总理。培炎副总理于 2 月 17 日批示："赞成开展中国环境宏观战略研究工作。请匡迪同志担任组长，报家宝同志批示。"温家宝总理于 2 月 18 日批示："同意培炎同志批示。"中央领导对这项研究给予了极大的支持，成立了由全国政协副主席、中国工程院徐匡迪院长任组长，中国工程院潘云鹤副院长、中国科学院李家洋副院长、我和总局党组成员祝光耀同志任副组长的战略研究项目领导小组，建立了包括计划与报告机制、审查与评估机制、协调与联络机制和对地方指导与通报机制在内的总体计划和协调机制。

环境宏观战略研究得到了党和国家领导人的高度重视和支持，得到了众多学者专家的关注，这是此项工作的重要保障和基础。中央提出的树立和落实科学发展观、构建社会主义和谐社会的重大战略思想，建设资源节约型和环境友好型社会的奋斗目标，国务院《决定》和第六次环保大会从政策、体制、机制上提出的一系列重大政策措施，为战略研究指明了方向。开展中国环境宏观战略研究，是落实科学发展观的迫切需要，是构建社会主义和谐社会的迫切需要，是全面建设小康社会的迫切需要，是加快推进环保历史性转变的迫切需要，是应对严峻环境形势的迫切需要。

一系列重大研究成果为战略研究奠定了科学基础。2002年国家环保总局曾经组织开展了国家环境安全战略研究，制定了新世纪头20年国家环境安全战略，为宏观战略研究奠定了一定基础，积累了一些经验。此外，由国家环保总局组织开展或者是协助参与的《西部地区生态环境现状调查》和《中东部地区生态环境

现状调查》《碧水蓝天：展望 21 世纪的中国环境》
《中国：气、土、水》《中国人类发展报告 2002：绿
色发展必选之路》《2006 年中国可持续发展战略报
告——建设资源节约型和环境友好型社会》。这些先期
的研究成果，对开展中国环境宏观战略研究也具有重要
借鉴意义。

专业人才是顺利实施中国环境宏观战略研究不可或
缺的力量。国内环境与发展领域的众多专家学者为战略
研究提供了人才保障。2006 年，国家环保总局成立了
国家环境咨询委员会和国家环保总局科学技术委员会，
集合了一批在经济和环保领域高水平、有影响的专家和
学者。多年来，环保系统研究单位，中科院、社科院等
科研单位、各大专院校培养了一批专门的环境科学研究
队伍，涌现出一批中青年专家，为开展各环保专题研究
提供了人才保障。

作为一项重大的长期战略任务，中国环境宏观战略
研究将立足于中国的国情，站在国家战略的高度，从再
生产的全过程，统筹规划，周密设计，精心组织，通过
深刻剖析环保事业所处的发展阶段，进行多部门、多学
科、高层次、综合性的系统研究，将环保置于国民经济
中长期可持续发展的全局中加以通盘考虑，在总结环保
经验、教训的同时，提出我国环保宏观战略思想、战略

方针、战略目标、战略任务和战略重点。研究计划包括环境宏观战略总论卷、环境要素保护战略卷、主要环境领域保护战略卷以及战略保障卷。力争用两年时间完成，在研究成果的基础上，争取中央发布一个文件，将环境保护融入经济和社会发展中。由于涉及众多部门和机构，要求必须严格计划，合理分工，加强协作，及时总结每一阶段进展情况，部署下一阶段工作安排。

中国环保宏观战略研究是总结过去、反映现在、指导未来的战略工作，必将对中国环保事业的发展产生重大而深远的影响，对中国的和谐社会建设产生重大而深远的影响。

未来环保的战略蓝图

经过充分的酝酿和准备，最高决策层、理论界和管理实践者，对研究中国环境保护宏观发展战略形成广泛共识。2007 年 5 月 11 日，面对日益严峻的环境形势，中国环境宏观战略研究正式启动。

殷切期望

国务院副总理曾培炎出席启动大会并作重要讲话。曾培炎副总理指出，当前资源环境对经济社会可持续发展带来很大压力，迫切需要我们从宏观和战略层面上加强对环境问题的研究。实施中国环境宏观战略研究项目，是全面落实科学发展观，建设资源节约型、环境友好型社会的重要举措，也是中国工程科学和环境科学领域的一件大事，对节约能源和污染减排工作具有重要意义。

研究要总结经济发展和环境保护的内在关系和客观规律，着力研究区域环境承载能力、有利于环保的技术政策和产业政策、加强环境保护的长效机制，以及应对气候变化等重大问题。认真汲取国内外发展的经验教训，密切跟踪国际环境领域研究的新趋势、新技术，为中国环境保护工作提供有益借鉴。

从战略研究的进度安排来看，正好与"十二五"规划的制定衔接起来。战略研究要针对现实性的问题提出政策建议，希望更好地发挥这次战略研究对指导当前工作的作用，要从整个布局上考虑，从战略上考虑，一些建议和意见将会吸收到"十二五"发展规划中。开展环境宏观战略研究需要深入研究以下问题。

第一，深入研究经济发展与环境保护的关系。人类社会在发展历程中，一直在不断探索、不断认知发展与环境的关系。许多国家最开始忽视了环境问题，后来把环境摆在了经济增长的对立面，现在把环保融入发展之中。我国决不能走"先污染、后治理"的老路，必须统筹人与自然和谐发展。要深入研究我国经济社会发展的阶段性特征，研究经济增长与环境保护的内在关系，探索保护环境与经济增长并重的有效模式，探索从生产、流通、消费各个环节保护环境的有效措施。

第二，深入研究我国环境保护的战略方针。过去几年，我国对重点流域、重点区域、重点城市、重点海域实行了重点治理，这是符合过去实际的。现在，不仅沿海发达地区和许多大中城市污染严重，一些中西部地区和不少农村的污染也相当突出。同时，中西部地区发展在提速，各方面财力和实力在增加。在这种情况下，我国的环保战略方针应当如何确定，在环境要素、污染物种类、污染防治空间布局等方面，"重点突破"应当突破哪些重点，"全面推进"应当如何推进，需要深入研究论证。

第三，深入研究环境污染防治的机理性和技术性问题。这是搞好环境保护的重要基础。如，各种污染物对人体健康、对可持续发展，有多大的影响，怎么影响；污染物及水、大气、土壤等环境要素，如何相互关联、相互影响，都需要深入研究，找出促进整个环境生态系统良性循环的办法。加强环境保护，必须依靠科技创新。要针对现实和发展中的重点环境技术问题，如污染物无害处理技术、危险废物处理技术、清洁生产和循环经济重大技术、生态保护及修复技术、重大环境装备技术等，组织攻关，为改善环境质量、实现可持续发展提供强有力的技术支撑。

第四，深入研究区域性和行业性环境问题。国家已经决定，根据区域资源环境承载能力，确定优化开发、重点开发、限制开发和禁止开发的主体功能区，规范区域开发秩序。要分析不同地区的环境状况、环境容量，为制定区域开发政策提供支持。同时，还要深入研究一些区域性环境治理问题，如北方沙尘天气、大城市阴霾、江河湖泊水体污染、矿山生态、地下水漏斗、癌症村等的有效治理问题。在整个工业中，造纸、食品、化工、纺织四个行业排放的 COD 占 70% 以上，火电、水泥两个行业排放的二氧化硫占 60% 以上，要深入研究如何搞好这些重点行业的污染减排，提出具体的对策建议。

第五，深入研究环境管理机制和政策问题。解放思想、开拓创新，研究如何制定有利于环境保护的价格、财税、土地、金融等政策，如何合理划分国家和地方环境保护的事权，如何建立地区间、流域上下游的生态环境补偿机制，如何完善环境法规体系、着力解决"守法成本高、违法成本低"的问题，建立一整套加强环境保护的长效机制。当前，还要深入研究气候变化等国际热点环境问题，研究相关国际公约的演化趋势及可能对我国发展产生的影响，制定好应对方案，既树立负责任大国的良好形象，又避免承担与发展水平不相适应的国际义务。

中国环境宏观战略研究项目组聚集了一大批两院院士和知名专家学者，以及经济、社会、环境、科技、法律等方面的人才，具有很强的研究实力。希望大家博采众长，创新求实，充分吸收现有成果，突出宏观性、战略性和政策性，体现我国现阶段基本国情，高起点、高水平、高质量开展研究。建立开放与协作的研究机制，开展跨学科、交叉性研究，真正使研究成果起到总结过去、指导现在、谋划未来的作用，努力为决策科学化、民主化作出贡献。

启动会上，全国政协副主席、中国工程院院长、中国环境宏观战略研究项目领导小组组长徐匡迪介绍了中国环境宏观战略研究的前期准备工作、研究内容和工作方案。同时指出，开展中国环境宏观战略研究的目的是：总结过去、指导现在、谋划未来，根据我国目前环境保护的现状，分析未来经济增长、人口增加、城市化、能源消耗、交通发展等活动可能产生的环境问题，提出我国环境保护的宏观战略构想、对策建议以及相关的保障措施。在研究成果的基础上，争取中央就加强环境友好型社会的建设作出专门决定。

中国环境宏观战略研究的指导思想是：以科学发展观为指导，以推进"三个转变"为主要任务，以建设资源节约型和环境友好型社会为目标，以正确处理经济增长与环境保护的关系作为战略研究的切入点，紧紧围绕国务院《决定》和第六次全国环境保护大会精神，在总结环保经验、教训的基础上，提出我国环保宏观战略思想、战略方针、战略目标、战略任务和战略重点。

中国环境宏观战略的研究内容包括总论、环境要素保护战略、主要环境领域保护战略和战略保障四大课题，共28个专题。其中，总论是战略研究的核心。主要分析环境形势与未来发展趋势，总结我国环境保护的经验和教训，分析环境问题产生的原因，从可持续发展的角度，提出环境保护优化经济增长的内涵和主要模式，提出环境宏观战略思想、战略方针、战略目标、战略任务和战略重点。

环境要素保护战略课题是战略研究的基础。包括水、大气、噪声与振动、固体废物、土壤、海洋、生态系统、物种资源、核与辐射安全等要素的保护战略。该篇将以生态系统管理方式为指导，在对单项环境要素保护研究的同时，分析各要素之间的相互联系和相互作用，研究各环境要素质量变化和经济发展、能源消耗等因素之间的关系，提出综合性的保护和防治战略。

主要环境领域保护战略课题是对重点领域环境问题的综合分析与应对，包括工业污染防治战略、城市和农村环境保护战略、环境与健康战略、能源与温室气体控制战略、全球和区域环境保护战略。工业污染防治战略将关注石油、化工、钢铁、有色金属、火电、建材、造纸、纺织、印染、食品、交通运输等高能耗、重污染行业的污染防治，提出清洁生产和循环经济等战略措施。城市环境保护战略将分析城市环境问题与原因，城市规划、布局与结构调整，区域、城市群协调发展与环境保护，借鉴世界城市发展过程中环境保护的经验教训，提出中国城市可持续发展的战略选择。农村环境保护战略将重点关注饮用水源、畜禽养殖、农药、化肥、农膜、农村能源与秸秆等环境问题，提出建设社会主义新农村的环境保护战略。环境与健康战略将对我国公害病的典型案例进行调查，在借鉴国际公害病防治经验基础上，提出我国防治公害病的对策。能源与温室气体控制战略将分析我国能源增长与环境压力、气候变化公约对我国的挑战与机遇，提出温室气体控制对策。全球与区域环境保护战略将分析我国面临的全球和区域环境挑战，提出全球、区域、双边环境合作基本战略。

战略保障课题是针对宏观战略的任务、重点，提出对策和措施，包括加强法治、理顺体制、增加经济政策、加大投入、科技保障。

战略构想

发展轨迹：我国环境保护战略发展的基本轨迹是，从最初的只关注工业污染防治，到工业污染防治与生态保护并重；从只重视末端治理，到重视从源头到末端的全过程控制，再到发展循环经济；从只重视单个的企业污染治理，到重视从产业结构调整的角度解决污染问题；从只重视森林、草原等自然资源的经济价值，到更加重视其生态价值。经过多年的探索和实践，确定了环境保护基本国策和实施可持续发展战略。确立了可持续发展、开放发展、和谐发展、和平发展的基本方针；确立了以人为本、人与自然和谐为内涵的科学发展观；确定了建设小康社会、和谐社会、资源节约型社会、环境友好型社会的发展目标；确定了改变传统发展模式，走节约资源、保护环境和可持续发展的新型工业化道路；建立了科学、民主、综合决策机制，环境保护从"边缘化"状态提升到发展决策的战略位置。

过去20多年，特别是近十年来，我国在环境与资源保护方面取得了重要进展，环境污染排放得到了一定控制，生态环境保护与建设得到加强，环境质量没有随着经济的高速发展而同步恶化。

但是我国正面临着多种环境污染和生态破坏问题并存的复杂局面，环境形势依然非常严峻。与 20 年前相比，当前环境问题无论在类型、结构还是在区域上都发生了深刻的变化，在经济较低发展阶段就出现了转型期的"复合型"环境问题，其严重性已经不仅仅在于排污总量的增加、生态破坏范围的扩大和资源供需矛盾的严峻，而是资源、环境问题之间以及同社会经济发展之间形成了相互因果的影响机制，并已经制约了国家经济社会可持续发展。当前我国环境问题的复杂性是历史上任何国家所不曾遇到过的。

未来趋势：未来 20 年，我国环境形势将更加复杂。人口将超过 14 亿，经济总量将翻两番；工业化和城市化将进一步加快发展，经济结构的战略性调整和粗放型经济增长方式的根本转变将需要较长时间，产业重化工业化特征更加明显。按现在的资源消耗和污染控制水平，资源和能源消耗将进一步加大，工业污染防治和城市生活环境质量的改善任务依然十分艰巨。随着农村经济的进一步发展，农村环境状况也不容乐观，农村环境质量的改善面临较大压力。总之，随着经济快速发展，规模不断扩大，污染物的种类和产生量都将迅速增加，未来 5—15 年，将是我国经济发展与资源环境矛盾最突出的时期。对此，我们必须保持清醒的认识，采取积极有效的措施，加快实现环境保护的历史性转变，未来国家中长期环境压力趋势具体表现为：

趋势之一：城市化进程将进一步加快。

今后 5—15 年间，我国城市化水平将保持在每年提高1.3 个百分点左右的水平上，2010 年我国城市化率将达到 46.2%，2015 年达到 53.1%，2020 年达到 62.2%。如果今后我国人口增长率以 6‰的速度增长，2010 年我国人口总数将达到 13.4 亿左右，2020 年达到 14.5 亿左右。到 2010 年我国城镇人口将达到 6.7 亿人（城市人口为 5.68 亿人），城镇人口与农村人口持平；2020 年城镇人口将达到 8.4 亿人（城市人口为 7.53 亿人）。

趋势之二：产业重化工业化特征将更加明显。

虽然对我国目前工业化所处的阶段还有一定的争论，但如果从工业本身的发展水平或 GDP 的结构来看，我国已经进入工业化中期即重化工业发展阶段。今后 20 年，工业主要是制造业在我国的发展还有相当大的空间，工业将保持与 GDP 同步发展的势头，工业占 GDP 比重略有上升，之后会有个基本稳定的时期。从消费结构、投资结构和对外贸易结构的变化趋势来看，未来数年，我国产业结构将不断向重化工业化方向转换，产业重化工业化特征将更加明显。

趋势之三：工业化、城市化和农业现代化对水资源的需求将持续增长。

对水资源需求的预测结果表明，要达到未来 5—15 年经济发展的各项目标，全国总用水量在预测期内将持续增长，到 2020 年到达预测期内的高峰值。从全国用水量来看，2010 年全国用水量将达到 5797 亿 m³，比 2003 年增加 8.57%，其中，工业用水占 19.97%，农业用水占 66.91%，生活用水占 13.12%；2020 年全国的用水量将达到 6114 亿 m³，比 2003 年增加 14.5%，其中，工业用水占 25.48%，农业用水下降至 61.43%，生活用水占 13.09%。由此可见，伴随着工业化的发展，工业用水比重将呈稳步上升的趋势。

趋势之四：能源需求居高不下，以煤为主的能源结构将长期存在。

我国未来的能源需求受诸多因素的共同作用，有相当的不确定性。根据预测，2010 年，能源需求量将达到 32 亿吨标煤左右；2020 年，能源需求量将会达到 40 亿吨标煤左右，分别比 2002 年能源消耗量（15.18 亿吨标煤）增长 110.8% 和 163.5%，未来的能源需求对国内能源供应能力的增加提出了严峻挑战。从煤炭需求总量来看，虽然，煤炭消耗占一次能源的比例有所降低，但以煤为主的能源消耗结构将长期存在。以煤炭为主的能源消耗结构将使未来中长期内我国大气污染防治任务更加艰巨。

趋势之五：废水和水污染物产生量逐年上升，水污染治理任务相当艰巨。

根据预测，2010年和2020年工业废水产生量将分别是2005年的1.51倍和2.69倍；2010年和2020年废水中COD的产生量将分别是2005年的1.33倍和2.06倍，NH3-N产生量将分别是2005年的1.4倍和2.4倍。未来5—15年，城市和农村废水产生量都将随用水量的增加而增加，到2020年废水产生量将比2003年增长120%，达到543亿吨；农村废水产生量将比2003年增长100%。如不加大治理力度，城镇生活废水污染造成的危害将难以想象。

趋势之六：大气污染物产生量增长迅速，治理任务将更加繁重。

根据经济发展趋势，以及能源消耗预测和燃料质量分析，到2010年和2020年，二氧化硫产生量将分别达到4032万吨和5409万吨；其中工业行业二氧化硫产生量将分别达到3812万吨和5255万吨。烟尘产生量与煤炭消费量的增长趋势一致，到2010年，烟尘产生量为24704万吨；到2020年，烟尘产生量达到29384万吨。

随着经济的发展，粉尘产生量呈增长趋势，到 2010 年，粉尘产生量为 10841 万吨；2020 年，粉尘产生量达到 15951 万吨。到 2010 年，氮氧化物产生量将达到 2077 万吨；2020 年，氮氧化物产生量将达到 2574 万吨。

趋势之七：固体废物产生量持续增加，固体废物处置面临较大压力。

根据经济发展预测，到 2010 年我国工业固体废物产生量将达到 116996 万吨，2020 年达到 149578 万吨。其中一般工业固体废物 2010 年产生量为 115722 万吨，2020 年为 147842 万吨。根据人口增长和城市化水平，到 2010 年，我国城市人口将达到 5.68 亿人，2020 年将达到 7.53 亿人。由此可以预测，到 2010 年，我国城市生活垃圾产生量将为 22029 万吨，2020 年将达到 32963 万吨。因此，工业固体废物、生活垃圾、废旧家用电器等的回收和安全处置将成为未来 5—15 年乃至更长一段时间内一个重要的环境问题。

趋势之八：要实现预定的污染减排目标，污染治理投资力度必然加大。

要达到预定的污染减排目标，根据预测，"十一五"、"十二五"期间，我国总的环境保护支出（治理投资和运行费用）将分别达到 15300 亿元和 25000 亿元。"十二五"比"十一五"投资总量增加 60%。

战略思想：未来中国环境宏观战略思想是，高举中国特色社会主义伟大旗帜，全面贯彻落实科学发展观，以满足人民群众的环境需求为根本宗旨，树立社会主义生态文明观；科学认识和高度重视我国环境问题的严峻形势及其对我国未来发展的重大影响，对国家发展理念和发展方式进行重大调整，以环境保护优化经济增长；大幅度强化国家环境执政能力和社会行动能力，对重要的生态系统实行休养生息；用20年到30年时间使我国环境状况得到根本改善，实现环境保护的历史性转变。

这一思想包含以下要点：

一是以社会主义生态文明作为处理人与自然关系的意识形态旗帜，把生态文明作为与物质文明、精神文明、政治文明相并提的概念，成为国家意识形态系统的基本要素之一，用以指导国家和民族的思想价值体系建设。

二是调整国家衡量经济发展的标准，把环境保护作为调控手段达到优化经济增长质量的目的。转变经济发展与环境保护的关系，从重经济增长轻环境保护转变为保护环境与经济增长并重，从环境保护滞后于经济发展转变为环境保护和经济发展同步。特殊地区实行环境优先方针。

三是改善国家环境执政方式，从主要用行政手段保护环境转变为综合运用法律、经济、技术和必要的行政手段解决环境问题，重点是改善环境保护法制体系和建立环境经济政策体系。

四是大幅度强化国家环境执政能力，提高国家对环境保护的政治承诺，重建国家环境保护体制架构，提高环境保护决策的科学化水平，增加环境保护投入，增强国家环境执法能力，提高国家对地方的环境保护宏观调控效率。

五是调整国家与地方在环境保护方面的基本关系，科学划分国家和地方的环境保护事权，强化国家在环境保护中的责任、权威和对地方的问责权力。缓解地方在发展经济与保护环境方面面临的两难压力。

六是构建政府、企业、社会相互合作和共同行动的环境保护新格局，扩展企业和社会的环境保护义务和权利，鼓励和保护全社会对环境保护的有序参与，发挥环境保护民间组织的力量和作用。

七是采取国土规划和生态修复的整体战略，对已经不堪重负的重要生态系统（特别是江河湖海）实行休养生息政策，从根本上减轻人类活动对生态系统的负荷。

八是采取积极的应对气候变化国家战略，通过减少温室气体排放的对策推动节约能源和提高能源利用效率，实现低碳经济模式，改善我国的国际环境形象。

九是实施均衡的环境保护战略，坚持预防为主与末端治理相平衡、对现有环境整治与预防潜在环境风险相平衡、对污染控制与生态系统保护相平衡、重点控制指标与非重点控制指标相平衡、发达地区环境保护与欠发达地区环境保护相平衡、近期环境目标与终极环境目标相平衡。

战略目标：根据国内外的发展经验、资源环境状况、未来发展趋势和我国发展战略及环境需求，以我之拙见我国环境保护的总体目标应该是：

到 2020 年：全国实现小康，主要污染物排放总量得到有效控制，生态环境质量明显改善。

在基本完成或接近完成工业化的历史背景下，本阶段主要以促进经济优化为主要目的，基本控制主要能源、资源的需求总量快速增长的势头。

以污染物排放总量得到有效控制为标志，实现污染物排放总量的"拐点"。

在发展的同时尽可能解决环境问题，弥补欠账、开展大规模治理，工业和城市生活污染得到有效治理，环境建设得到大幅度加强。

以解决量大面广的常规污染、城镇污染为主，现有饮用水水源不安全因素基本消除，环境状况与全面实现小康社会基本相适应。

到 2030 年：基本完成历史性转变的主要任务，实现环境与经济高度融合。生态环境质量得到全面改善。

环境与经济社会基本协调，能源资源利用效率大幅度提高，工业增产不增污，有效克服人口、粮食、能源、资源、生态、环境等制约可持续发展的瓶颈。

以解决新型污染、农村污染为主，非点源、新型环境问题得到基本控制，农村环境状况基本保持稳定，环境恶化趋势得到遏制，环境质量全面改善，全国水体基本消灭劣 V 类，饮用水水源、城市空气质量基本达到要求。

到 2050 年：新中国成立 100 周年，生态环境质量继续稳定改善，生态环境状况达到发达国家的水平。

人口、资源、环境、发展全面协调，资源节约、环境友好型社会已见规模，全面达到世界中等发达国家的可持续发展水平，步入可持续发展的良性循环阶段。

环境质量普遍达到功能区要求，全国环境状况与基本实现现代化相适应。农村环境质量改善，城乡环境清洁，山川秀美，江河安澜。

战略任务：以保持环境与发展的基本平衡为主线，解决公众关注、影响国家发展的环境问题为基本出发点，统筹安排，全面谋划，重点完成八大战略任务。

建设社会主义生态文明，完善社会主义文化价值体系；改变经济增长方式，促进环境与经济协调发展；调整国家环境保护体制架构，全面提升国家的环境执政能力；改革和创新环境管理制度，向环境综合调控、环境风险管理方向转变；分类控制环境污染，切实解决危害公众健康的环境问题；加强城市环境保护，建设宜居城市；积极开展生态保护和建设，促进人与自然和谐；应对全球化挑战，加强环境保护国际合作与国际履约能力，树立良好的国际环境形象。

很遗憾，我企盼的宏观战略研究成果还在十月怀胎，一朝分娩后会对我的抛砖引玉之举作出校正。

第八章

拥抱中国环保的未来

——让不堪重负的江河湖海"休养生息"

> 知者不惑，仁者不忧，勇者不惧。
>
> ——《论语》

松花江水污染事件，是中国环境保护历史上的重要事件，是环保历史性转变的见证。松花江水污染事件后的一系列行动，拉开了中国环境保护事业历史性转变的序幕。站在历史的转折点上，中国政府和中国人民以超卓的智慧和巨大的勇气，选择了"从重经济增长轻环境保护向保护环境与经济增长并重……在保护环境中求发展"的道路。这是迈向和谐社会的必然抉择，是社会需求变化的客观反映，是通往希望之路的拐点。松花江不能在这场变革中沉寂，也不可能脱离人们的视线。因为一个特殊的事件，松花江注定要成为观察环境保护历史性变化的载体。

让松花江流淌出欢乐的歌

2007年5月10日，国家环保总局会同国家发改委、财政部、监察部等国务院七个部门，在长春市召开了松花江流域水污染防治工作会议。会前，国家环保总局受国务院委托，由我带领总局机关有关部门的负责同志，对松花江流域的水质以及治污进展情况进行实地考察。调查组走进工矿企业，深入治污现场，站在江堤岸边，和地方领导及基层环保工作者共商治理大计，察看污染情况，分析污染原因。

在哈尔滨双城市街头，调查组一行来到一条排污沟前，眼前的情景让每一个人的心情都倍感沉重：排污沟里，浑浊的污水散发着刺鼻的气味，滚滚流动。我对在场的同志说，这样的污水就是流向水源地、流向松花江的啊！可以说，我们所看到的并不是个别现象，在松花江流域，还有不少城市像这样源源不断地排污。这样的情景着实让人揪心。这表明党中央、国务院作出全面治理松花江流域水污染的决定的正确性和必要性，也充分体现了中央领导对松花江的高度关注以及对沿岸群众的深切关怀。

在哈尔滨的四方台水源地，望着奔流而下的江水，我对当地政府的有关领导说，这是我第四次来到松花江。这次实地调研考察，就是要提出一个明确目标，让松花江休养生息。松花江作为东北人民的母亲河，她曾经碧波荡漾，滋润着广袤的土地，哺育着两岸人民。而今，她的肌体已受到"侵蚀"，已经不堪重负。这样对待她，是一种不公平。如果不尽快让她得到休养，就可能积重难返，面临更大的灾难！

松花江的水污染势头尚未得到控制，环境形势依然严峻。一是污染有进一步加重的趋势。2006年水质监测结果表明，松花江干支流主要污染指标高锰酸盐指数和氨氮呈加重趋势；支流水质污染比2005年明显加重，总体上为重度污染，监测的14个断面中，IV、V类水质占43%，劣V类水质占43%。吉林省的伊通河、饮马河和黑龙江省的呼兰河、阿什河等支流污染最为严重。

二是结构性污染问题突出。松花江流域是老工业基地，产业结构不合理，有许多高耗能、高耗水和重污染企业；污染排放强度居高不下，万元GDP化学需氧量排放居全国七大流域之首。近年来松花江流域经济增长提速，但新建项目仍以重化工等高污染行业为主。一些重污染行业如造纸、制革等，有从发达地区向松花江流域转移的苗头。

三是治污设施建设严重滞后。流域内许多大中城市缺乏污水处理设施，生活污水未经处理直接排入松花江。一些规划的污水和垃圾处理设施迟迟不能开工，已建成的污水处理设施不能投入运行。污水处理收费标准偏低、使用不规范，甚至存在挪用和占用现象。生活垃圾填埋场达不到卫生填埋要求，渗滤液直接威胁松花江水质。

四是环境违法现象严重。企业违反环评和"三同时"制度的情况普遍存在，非法排污现象时有发生。在总局对松花江流域暗查的 82 家排污单位中，超标排放的竟占 80%。环境监管不力，监管能力薄弱，有法不依、执法不严、违法不究的现象依然存在。执法环境差，一些地方政府通过设立所谓的"重点保护企业"、"重点服务企业"等"土政策"，妨碍和干扰环境执法。

五是《规划》治污项目实施进度较慢。一些地方对污染治理工作没有引起足够重视，还存在"等、靠、要"的思想。治污资金投入不足，严重影响了项目的实施。截至 2007 年 4 月底，治污项目仅完成 6%，尚有48%的项目未开展前期工作。受气候影响，松花江流域项目施工时间短，如不加快进度，如期完成《规划》项目难度很大。

加强松花江流域水污染治理，对于全流域的可持续发展与社会和谐稳定具有重要意义。首先，这是振兴东北老工业基地的根本要求。松花江是东北地区经济腾飞的基础。解放初期，为了国家的需要，沿岸地区建设了大量的资源型和重化工企业，为国家的经济建设作出了巨大贡献。然而，随着经济的快速发展和转型，昔日的资源"宝库"面临着枯竭，过去的能源基地变成了塌坑，曾经辉煌的大中企业濒临破产，松花江也失去了往日的活力。目前，正逢国家振兴东北老工业基地、加快国有企业改革改组改造和产业技术升级换代的大好时机。加强松花江流域水污染防治，是调整经济结构、转变老工业基地增长方式的重要步骤。其次，这是保障沿岸群众环境利益的迫切需要。松花江是东北人民的母亲河，哺育着沿岸 6200 万华夏儿女。近年来，松花江流域环境事件频发，一些重大环境事件如松花江重大水污染事件、牡丹江污染事件、牤牛河污染事件等，造成了巨大的经济损失，甚至影响社会和谐稳定。如果经济增长了，而沿岸群众身体健康却受到了损害，这是对经济发展莫大的讽刺。第三，这是发展中俄关系的现实需要。松花江是一条国际河流，见证了中俄两国人民的真诚友谊。俄罗斯是中国的友好邻邦，更是战略协作伙伴，两国在经济、外交、环保等领域合作前景广阔。近年来，松花江流域连续发生的环境污染事件，引起了俄罗斯的密切关注，群众对此反映强烈。加强流域污染防治，不仅有利于增进中俄两国友谊，更是展示我国负责任国家形象的重要举措。

加强松花江流域水污染防治，要有强烈的责任感、危机感和使命感，以对国家、对民族、对子孙后代高度负责的精神，下大力气、下真功夫，切实把这件事关中华民族长远发展的大事抓紧、抓好，努力实现流域经济社会与环境协调发展。

愿望：何时能吃上江水炖江鱼？

松花江是黑龙江最大的支流，全长 1900 公里。松花江不仅是东北地区的母亲河，也是牵动中俄人民神经的国际河流。松花江重大水污染事件发生后，由于长期"重经济，轻环保"的发展模式，造成松花江流域的水质恶化和生态破坏的局势已经引起了党和国家的高度重视。"让松花江休养生息"的污染治理思路，是在对松花江流域水污染状况进行深入调研和分析的基础上提出的，既是符合时代发展和人民需求的科学决策，又是国家环境保护和污染防治坚定决心的重要体现。

对于松花江这样一条遭受严重污染的河流来说，对其实行"休养生息"，目的是恢复母亲河的健康，重新建立流域生态系统平衡和良性循环，继续支撑黑龙江、吉林和内蒙古三省区经济社会可持续发展。对松花江流域实行"休养生息"政策，是我国经济社会协调发展的战略需要，也是落实科学发展观的必然要求，对促进全流域的可持续发展与和谐稳定有着重要的意义。"让松花江休养生息"是流域水污染控制与治理的总体目标，也是我国流域水环境保护的崭新理念。

在一家制药企业，当我了解到这里的污染物特征尚不清楚时，立刻把中国环境科学研究院院长孟伟叫到跟前，要求为企业提供技术支持，帮助攻克难关。我对企业负责人说："最好的企业就要解决最难的问题。要做到认认真真承担社会责任，堂堂正正生产，明明白白排污！"

在哈尔滨文昌生活污水处理厂扩建工程的工地上，有关人员对国家投资能否尽快落实流露出一些疑问时，我当即表态，及时抹去他们心头的疑云："对于松花江流域的治理，国务院有关领导曾明确指示，措施一定要过硬，投资一定要到位。大家尽管放心，国家对污水处理厂的投资一分钱都不会少。污水处理厂不建好、不运转，COD 怎么降下来？减排的目标如何实现？松花江又如何休养生息？"共同的关注，承担了同一份责任，表达着同一份心声：积劳成疾的松花江，真该静静地歇歇了。

5月8日，我来到哈尔滨太平生活污水处理厂。厂区里，绿树与青草展现出一片静谧与生机。在出水口，当得知污水处理厂运行稳定、排放优于国家标准时，我给予了肯定。这是清华同方哈尔滨水务有限公司建设的第一个BOT项目，日处理能力32万吨。公司负责人说："在企业经营理念中，把环保作为公益事业，把保护松花江水质作为应尽的职责。在这个项目的竞标中，提出的处理费用为0.59元/吨。同时，正在流域的其他地区承建和负责运营更多的污水处理项目。"

听完企业的介绍，我对在场的同志指出："让松花江休养生息，需要这样有胆识、有远见、有觉悟的企业加入竞争。没有竞争，就没有速度，就没有效率，就没有质量的保证。清华同方的经营理念以及对环保事业的热忱，就是对松花江休养生息的真心奉献。有了更多企业的参与和贡献，松花江终有一天会碧波荡漾。"认清了形势就能把握住方向，有了压力才能产生动力，确立了目标就会鼓起勇往直前的勇气。在企业的治污现场、在项目的建设工地、在走过的江边原野，我重复最多的一句话就是："松花江污染治理要打持久战，不要指望能一朝变清。只要付出了真情，付出了厚爱，付出了努力，松花江就会永远铭记。"

作为一名台商，双城瑞麦食品公司总经理见到考察组的第一句话就是："周局长，我向你认错。"

作为该市开发区的一家企业，在没有污染处理设施的情况下，生产中直接排放废水，被环保部门查处，予以停产整顿。企业为此受到震动，加紧建设污水处理设施。我仔细察看了环保部门贴的封条，又了解工程的详细进展，对这名台商说："过去违法排污，理应受到处罚。早治理，早主动；晚治理，就被动。企业不仅要想着市场、想着效益，更应该想着承担社会责任，造福流域人民。错了就改，表明你们是知耻而后勇啊！"考察中，我对身边的工作人员说："松花江污染防治既是一项现实紧迫的工作，又是一项长期艰巨的任务。实现治理目标，落实治理措施，关键在于上下统一思想，加强领导，齐心协力，狠抓落实。"

松花江畔，晨光透过枝丫洒满金色。一位出租车司机侯师傅说："那次的松花江水污染事件让我刻骨铭心。至今，我每次来到江边，都要捧起江水闻一闻。"开商店的郭先生说："我很想能再吃到童年时的江水炖江鱼。现在，我从报纸、电视上看到，国家对松花江的治理越来越重视，我想，总有一天我会捧起那一碗佳肴，重温童年的记忆。""地书"爱好者高老师说："我时刻都怀着这样一种梦想，有那么一天，天是蓝的，水是清的，空气是净的，我可以饱蘸清澈的江水书写东北儿女的眷恋与情怀。"

这也许是一种回忆，也许是一种期待，但更多的是心声。可以相信，得到休养生息的松花江，一定会回报给两岸人民永续利用、持续发展的生机与活力。面对人们的善待和努力，松花江总有一天会恢复她的青春容颜，浪花里依然会流淌出欢乐的歌！

行动：为了松花江休养生息

值得欣喜的是，为完成繁重的松花江流域水污染治理任务，各级政府及主要领导认识在深化，压力在增大，措施也逐步到位。2006 年哈尔滨开工建设六个规划治理项目，累计投资 1.7 亿元；2007 年安排了七个重点项目。正在建设的文昌污水处理厂等污水处理建设项目总投资将超过 18 亿元，2009 年全部建成运营后，可以削减 COD3.95 万吨，届时该市生活污水处理率可以达到 90%。

长春北郊污水处理工程原设计工艺为一级处理，日处理能力 39 万吨。为了完成松花江流域水污染治理任务，在市委、市政府领导重视下，很快修改了工程方案，变一级处理为二级处理，并更换了主要设备。作为削减 COD 的核心工程，2007 年 8 月建成投入运营后，将为实现减排目标发挥重要作用。

哈尔滨双城经济开发区有七家企业没有执行"三同时"，政府立即对企业实行停产整顿。仅娃哈哈食品公司一家企业，一个月就要少上缴利润800万元。对此，市长王炎耀谈了自己的感受："企业的损失是暂时的，但为松花江长治久安作贡献却是长远的。为此要坚持：凡是污染项目坚决不批，凡是不执行'三同时'的企业决不允许开工。绝不能以牺牲环境为代价换取经济增长，绝不能把经济发展和松花江流域的环境保护对立起来。"

点源的治理，污水处理厂的建设，重点项目的开工，迈出了松花江流域水污染治理的坚实步伐。在哈药集团制药总厂，虽然难闻的气味表明治理工作不尽如人意，但5000吨/日污水回收利用项目的进展还是令人宽慰。

让松花江休养生息已经出现了可喜的开始。但是，休养生息却是一个艰难复杂的过程，沿江两岸在分享环境利益的同时，也要为此付出巨大的代价。然而，休养生息是一项改变现实的重大战略。在具有历史意义的抉择面前，没有其他选择，甚至没有犹豫的资本。

要让松花江休养生息，污染减排是必然之举。作为全国七大流域之一的松花江流域，重化工业多，历史欠账久，治理难度大，污染排放强度居高不下，不仅是全国污染减排工作的重点，也是污染减排的难点。必须以深入实施松花江流域水污染防治规划为契机，在全流域大力推行污染减排。要严格环境准入，推行规划环评，加强"三同时"管理，控制高耗能、重污染行业过快增长，加快重点治理工程建设，保障已建成的污染治理设施长期稳定运行，依靠治污工程减排，依靠结构调整减排，依靠加强管理减排，力争通过松花江流域水污染治理，为全国减排工作积累经验、找到突破、创造典型。

要让松花江休养生息，调整和优化产业结构是必由之路。松花江流域是老工业基地，产业结构不合理，有许多高耗能、高耗水和重污染产业；近年来经济快速增长，但新建项目仍以重化工等高污染行业为主。要坚决贯彻执行国家宏观调控政策和环保法律法规，大力调整产业结构，彻底摒弃过去拼资源、拼环境的粗放型经济增长方式，淘汰高消耗、重污染的产业和生产能力，推行清洁生产和循环经济。在充分考虑流域水环境容量和水资源承载能力的基础上，根据现有开发密度和发展潜力，划分水环境和水资源优化开发区、重点开发区、限制开发区和禁止开发区，明确各区域经济发展方向和环境保护措施，逐步形成各具特色的区域发展格局。

要让松花江休养生息，保障人民群众饮水安全是当务之急。近年来，松花江流域突发环境事件频发，一些重大环境事件给沿岸群众生活带来了极大影响。要加强饮用水源保护，按照国家要求及时科学划定饮用水源保护区，彻底清除保护区内的排污口；加大对重点污染源的治理力度和监管力度，督促污染企业按要求和时限进行治理；加快城镇污水处理设施建设，坚持污水处理设施建设和运营的市场化方向。

各级政府必须提高思想认识，切实加强对松花江流域水污染防治工作的组织领导，不断加大环保投入力度，支持和鼓励各级环保部门加强环境执法，严厉打击环境违法行为，加强舆论宣传和引导，切实把松花江流域水污染治理成效纳入各级政府政绩考核内容，从组织、制度、资金、宣传、考核等各方面全力保障松花江流域水污染防治工作。

松花江流域开展污染防治工作就是要恢复松花江流域山清水秀的自然面貌，维护流域生态系统良性循环。为此，必须采取更加积极的行动：

最关键的措施是控制新的污染。一要严控有毒有害物质的排放。"十一五"期间，凡是向松花江水体排放汞、锡、六价铬等重金属和难降解有机污染物的项目，一律停批。"十二五"期间，停批的范围还要进一步扩大。二要控制高耗能、高污染行业过快增长。严格钢铁、铁合金、焦化、电石、铜冶炼、汽车等行业准入条件，凡是不符合国家产业政策要求的，一律不批。三要严格控制污染"增量"。对未按期完成减排任务、超过总量指标、环境违法现象突出、主要控制断面不达标，以及没有完成淘汰落后产能任务的地方或企业集团，实行"区域限批"，暂停该地区或行业新增污染物项目的环评审批。四要加强"三同时"管理，严把项目验收关。全面清理整顿新开工项目，对不履行"三同时"的，要立即责令停止生产；对试生产的企业，要重点检查污染防治设施同步运行情况，对不正常运行的，要停止试生产，并责令限期改正。五要积极开展规划环评。结合《松花江流域综合规划》和《松花江干流航运规划》的修编，积极推动有关单位开展规划环评工作；在项目受理中将开发区和工业园区的规划环评工作作为前置条件。同时，要根据各地的产业结构情况，对一些污染严重或对生态环境有较大影响的水电建设项目，以及可能造成跨国界影响的建设项目，上收一级环境审批权，切实把好环境准入关。

全面淘汰或关闭落后生产能力。要按照国务院发布的《节能减排综合性工作方案》和国家关于火电、钢铁行业"上大压小"产业政策的要求，加大电力、钢铁、建材、电解铝、铁合金、电石、焦炭、平板玻璃、造纸、酒精、味精、柠檬酸等 12 个高耗能、高污染行业落后生产能力的淘汰力度。2007 年年底前，松花江流域要全面淘汰或关闭生产能力达不到一定规模的草浆和化学制浆生产装置，以及黄板纸、废纸造纸、酒精、味精、糠醛、淀粉生产企业。有条件的地区要进一步采取严于国家标准的产业政策，提高水污染物排放标准，并加快实施。各地要制定淘汰落后产能分地区、分年度工作方案并认真实施，对不按期淘汰的企业，地方政府要依照国家有关法律法规责令其停产或予以关闭，并加大处罚力度。淘汰落后生产能力是提高经济增长质量，实现污染减排目标的重要措施，也是一项政策性很强的工作，既要严格按法律法规和政策办事，下决心淘汰落后产能，又要制定全面的规划方案，妥善处理好各类矛盾，真正实现又好又快的发展。

　　饮水安全是污染防治工作的重中之重。首先要加快饮用水水源保护区的划分和调整。2007 年，各地要完成本行政区内饮用水水源地保护规划，按照饮用水水源保护区划分技术纲要的要求，在上半年完成饮用水水源保护区调整和划分工作，并明确环境保护措施。其次要严厉打击危害饮用水水源的环境违法行为。要加大饮用水水源一级保护区内已取缔的直接排污口的巡查力度，防止死灰复燃。对 2000 年以来在饮用水水源二级保护区内新、扩建的建设项目，以及在饮用水水源保护区内装卸垃圾、油类及其他有毒有害物品的码头，限期取缔或清除。第三要建立饮用水水源污染应急预案。对威胁饮用水水源地安全的重点污染源，要逐一制定应急预案，建立污染来源预警、水质安全应急处理和水厂应急处理三位一体的饮用水水源应急保障体系。2008 年底前，哈尔滨、长春、吉林、齐齐哈尔、大庆、佳木斯、牡丹江等七个城市要率先建立水源安全保障体系。

重点治理工业污染源。一要抓紧建立和完善科学的污染减排指标、监测和考核体系，建立排污总量控制台账，及时掌握老污染削减和新污染增加动态变化情况，为采取针对性的措施奠定基础。二要加快安装自动监控装置。省、市（地）、县（市）要分层次确定各自监测的重点污染源，要督促重点企业尽快安装自动监控设备，并做好与环保部门的联网工作；对没有安装的，要增加监督性监测频次，对重点污染源进行动态管理。要加大污水处理设施运行监管，限期安装在线监控系统，开展污水处理设施运行评估制度，确保污染治理设施稳定、达标排放。三要加快重点企业的治污进程。列入《规划》的 126 家重点治理工业企业，"十一五"期间必须完成治理任务，大型化工、制药类企业必须根据实际情况在车间、分厂、总厂对废水实行逐级处理，实现稳定达标并符合总量控制要求。四要对排放水污染物超

标的企业一律实行停产整治；不能做到稳定达标排放的
企业实行限期治理，治理期间应予限产、限排，逾期未
完成治理任务的，责令其停产整治；对虽能达标排放、
但未按期完成减排任务的企业，要实行清洁生产审核，
进行技术改造。对采用清洁生产工艺和技术，实现污染
物减排的项目，国家适当给予补助。

　　建设城镇污水处理厂。按照国务院的要求，省辖市
城市污水处理率2008年年底前要达到50%，2010年年
底前达到70%以上；集中式饮用水水源地上游的主要县
级市市区和县城所在城镇，污水处理设施2008年年底前
要全部开工建设，2010年年底前全部建成投运。从目前
的情况来看，实施进度距离《规划》的要求还有相当
大的差距。各地要严格按照这一要求，大力推进治污设
施建设。一是加快污水处理厂及配套设施建设。要根据
管网建设进度和污水收集能力，合理确定污水处理设施
的建设规模。同时，根据松花江流域水污染特点，新
建、改建、扩建的污水处理厂一律要有脱氮工艺，现有
的污水处理厂也要在2008年年底前增加脱氮工艺。城
市垃圾处理场必须建立渗滤液处理设施，做到达标排
放。二是完善污水处理收费政策。要尽快将污水处理费
征收标准调整到位，同时充分考虑污泥无害化处置的成
本。2007年年底前，流域内所有城市要全面开征污水处

理费，标准不得低于 0.8 元／吨，以保证污水处理厂保本微利、正常运行。所有自备水源用户都要开征污水处理费。要完善污水处理收费制度，保证污水处理费专款专用。中央给予污水处理设施补助资金时，将把地方落实污水处理收费政策情况作为前提条件。三是坚持污水处理设施建设和运营的市场化方向。国家已经在土地、税收、用电政策等方面给予了支持，各地要积极出台配套政策措施。现有城镇污水、垃圾处理单位要加快管理体制改革，2007 年年底前要全部成为市场化运营的法人企业。

合理调度、优化配置水资源。要统筹流域水资源开发利用和保护，处理好生活、生产和生态用水的关系，保证河流必要的生态基流。"十一五"期间，要停止审批所有从松花江流域向外流域的调水工程。同时，要兼顾地表水和地下水的保护，制止地下水无序开发，防止污染物渗入地下。

松花江是东北人民的母亲河，是东北地区实现经济腾飞的基础。要借助国家振兴东北老工业基地、加快国有企业改革改组改造和产业技术升级换代创造的机遇，尽快恢复松花江流域生态环境，为东北地区可持续发展打造牢固的基础，以松花江流域优良的生态环境优化经济发展，让重新焕发生机与活力的松花江为促进人与自然和谐、构建社会主义和谐社会注入滚滚清流。

让不堪重负的江河湖海休养生息

据 2006 年《中国环境状况公报》，我国地表水总体水质已属中度污染，其中珠江、长江水质良好，松花江、黄河、淮河为中度污染，辽河、海河为重度污染。巢湖水质为Ⅴ类，太湖和滇池为劣Ⅴ类。近岸海域污染严重，2007 年入夏以来，太湖流域暴发蓝藻，严重危及无锡群众饮水安全，引起社会高度关注。当前，我国流域污染物排放居高不下，相当多的江河湖海污染已不堪重负，生态系统急剧恶化，必须让其休养生息。

休养生息：把握住难得的历史机遇

"休养生息"一词出自唐·韩愈《平淮西碑》："高宗中睿，休养生息。"其原意是指一个国家在经历战争或大的社会动荡之后，为使其尽快恢复元气，而制定出种种有利于减轻人民负担，安定人民生活，尽快恢复生产和发展经济的政策。历史上采用"休养生息"政策来安抚百姓，重建社会秩序的例子比比皆是，如汉朝的刘邦和蜀汉时期的诸葛亮，他们都曾采用"休养生息"的政策而使国家得到了安定和发展。

让江河湖海休养生息，就是要实行最为严格的污染物排放总量控制制度，以水环境容量确定发展方式和发展规模；就是要尊重自然规律，充分发挥水生态系统的自我修复能力，逐步改变环境恶化的状况；就是要综合运用工程、技术、生态的方法，加大治理水环境的力度，促进水生态系统尽快步入良性循环的轨道；就是要充分运用法律、经济和必要的行政手段，既要形成严格排放、合理开发的强大压力，又要形成主动治理水环境的积极动力，用高效的办法解决长期积累的环境问题。

要摒弃"先污染后治理"的传统治污模式。工业革命以来，发达国家的工业化风起云涌，在创造了巨大物质财富的同时，环境污染日趋加重，重大环境事件不断发生。在强大的社会压力下，发达国家开始治理污染，走了一条"先污染后治理"的道路，付出了沉重的环境代价。1953—1968 年发生的日本水俣病事件，对当地居民造成的身体损害和心灵创伤至今无法抹去。早在 20 世纪 70 年代，我们党和政府就认识到环境问题的重要性，改革开放以来，特别是近年来，采取了一系列重要措施，取得了积极进展。但必须清醒地看到，我国一些流域环境治理的速度赶不上环境污染和生态破坏的速度，水环境形势依然十分严峻。2006 年，国家地表水监测断面中，Ⅰ～Ⅲ类、Ⅳ～Ⅴ类和劣Ⅴ类水质的断面比例分别为 40%、32% 和 28%，主要水污染物排放总量明显超过环境容量，人民群众对水污染事件的反映和投诉越来越多。我国水环境容量极其有限，"先污染后治理"的道路根本走不通。国内外环境治理的教训反复证明，依靠末端治理缓解环境压力的模式无异于"扬汤止沸"。只有休养生息才是"釜底抽薪"，才能从发展的源头保护环境，推动经济社会逐步走上生产发展、生活富裕、生态良好的康庄大道。

要借鉴发达国家水环境治理经验。面对积重难返的环境问题，进入 20 世纪 60 年代，发达国家纷纷采取严厉的措施保护环境、治理水污染。日本实行了世界上最为严格的环境标准，对污染型产业的发展形成了强大的约束力，对环境基础设施建设形成了强大的推动力。日本的琵琶湖是滋贺县 140 万人的水源地，也是京都府、大阪府和兵库县水源的重要供给地。1930 年，琵琶湖清澈见底，能直接饮用。从 1950 年开始，随着战后经济快速增长，排放到湖体的污染物大量增加，水质不断恶化。1971 年到 1972 年，污染达到了最严重的程度，湖内的水明显变臭。痛定思痛，从 20 世纪 70 年代初开始，琵琶湖实行了严于日本全国的污染物排放标准和环境影响评价标准，与健康有关的指标提高了十倍左右。

环境准入"门槛"的提高，极大地推动了当地产业结构的优化升级，从发展的源头上削减了污染。经过努力，入湖污染物大幅下降，给湖泊环境质量的改善和生态系统的修复提供了"喘息"的机会。实践证明，琵琶湖的休养生息，既改善了琵琶湖的环境质量，又提升了周边地区的发展水平。

要在环境治理中充分尊重自然规律。在粗放型经济增长模式下，经济发展速度越快，污染物排放量越大。当人们对水环境的索取大大超过其承受能力时，流域生态系统就会严重失衡，"体弱多病"，不堪重负。如果继续发展下去，就会产生严重的生态灾害。正如恩格斯在《自然辩证法》中所指出的："我们不要过分陶醉于我们人类对自然界的胜利。对于每一次这样的胜利，自然界都对我们进行报复……美索不达米亚、希腊、小亚细亚以及其他各地的居民，为了得到耕地，毁灭了森林，但是他们做梦也想不到，这些地方今天竟因此而成为不毛之地"。因此，我们再也不能放纵人们对自然环境的掠夺行为，必须给水环境以必要的时间和空间，发挥水生态系统的自我修复、自我更新功能，使生态生产力得以恢复、发展，使生态系统由严重"失衡"走向"平衡"，进入良性循环，实现人与自然和谐发展。

休养生息：从根本上缓解水环境的压力

休养生息绝不是消极、被动地等待，而是积极、主动地进取；不是迟滞，而是蓄积。要通过江河湖海的休养生息，对长期困扰我国经济发展的粗放型增长方式形成强大压力，引导各地转变发展观念、创新发展模式、提高发展质量，从根本上缓解水环境的压力。

第一，让江河湖海休养生息，是保障人类文明发展进步的必然要求。 水乃生命之源，世界万物之本，文明兴衰之根。人类文明的进程表明，民族的强盛、社会的繁荣、文化的发展，无不与水有着紧密的联系。汹涌澎湃的尼罗河孕育了璀璨的古埃及文化，幼发拉底河的荣枯消长直接影响到巴比伦王国的盛衰兴亡，地中海沿岸优美的自然环境成为古希腊文化的摇篮，奔腾不息的黄河长江滋润着绚丽而厚重的中华文明。中国自古就有敬水、爱水、以水为友的传统，从"仁者乐山，智者乐水"（《论语》）到"上善若水，水善利万物而不争"（《老子》），从"不涸泽而渔，不焚林而猎"（《淮南子》）到"海纳百川有容乃大，壁立千仞无欲则刚"（林则徐堂联）等，无一不闪耀着先哲们"人水和谐"的理念和"水文化"的光辉。然而，因水资源不合理利用造成的文明衰亡的例子也比比皆是，我国古代辉煌的楼兰文明已被埋藏在万顷流沙之下，水草丰茂的美索不达米亚、小亚细亚如今变成不毛之地，闻名于世的地中海腓尼基文明、北非撒哈拉文明也因水源丧失相继消亡。可以说，是水孕育了人类，是水支撑着人类文明的浩瀚进程。让江河湖海休养生息，就是要牢固树立生态文明观念，促进人水和谐，加快建设资源节约型、环境友好型社会。

第二， 让江河湖海休养生息，是保障国家环境安全的迫切需要。水是基础性的自然资源和战略性的经济资源，在国民经济和国家环境安全中占有重要的战略地位。随着工业化、城镇化的快速发展，经济社会发展与水资源供需的矛盾空前尖锐。1972 年联合国第一次人类环境会议就明确指出：石油危机之后下一个危机便是水。1997 年联合国再次大声疾呼："目前地区性的水危机可能预示着全球性危机的到来。"专家估计，到 2025 年全世界将有 30 亿人口缺水。水资源的严重短缺，很可能成为地区性冲突的潜在根源。我国人多水少，以有限的水资源和脆弱的生态环境，支撑着世界上最大规模的人口开展最大规模的经济活动，必然面临历史上最为严峻的水危机。据预测，我国人口在 2030 年左右将达到峰值 16 亿，届时人均水资源量只有 1750 立方米，将列入严重缺水的国家，需水量接近可利用水量的上限，缺水问题将更加突出。保护好有限的水资源，已成为维护中华民族长远发展和持续繁荣的重大任务。让江河湖海休养生息，就是要强调环境的基础地位，以水环境容量确定经济社会发展目标，促进水资源可持续利用，确保国家环境安全。

第三， 让江河湖海休养生息，是深入贯彻落实科学发展观、推进历史性转变的重大举措。科学发展观，第一要义是发展，核心是以人为本，基本要求是全面协调可持续，根本方法是统筹兼顾。深入贯彻落实科学发展观，必然要求从根本上调整经济发展与环境保护的关系，也就是加快推进环境保护的历史性转变。历史性转变是科学发展观在环境保护领域的具体体现，实质是以牺牲环境换取经济增长转变为以保护环境优化经济增长，要求在保护环境中求发展，在节约资源中求发展。以人为本最基本要求就是关爱生命。如果经济发展了，但饮水用水安全都得不到保障，这就违背了发展的初衷。长期以来，我国高耗能、高耗水、重污染行业增长偏快，既是我国经济结构不合理、增长方式粗放的体现，又是一些河流环境不堪重负的重要原因。粗放型增长方式必然带来高排放，我国单位 GDP 的废水排放量比发达国家高四倍，使水环境保护与经济增长之间的矛盾十分突出。让江河湖海休养生息，就是要以维护人民群众健康为根本出发点，用统筹兼顾的方法，正确处理速度、结构、质量、效益的关系，把保护环境作为优化产业结构、转变经济增长方式的重要手段，使经济社会进入全面协调可持续的科学发展轨道。

第四， 让江河湖海休养生息，是实现全面建设小康社会奋斗目标的有效途径。到 2020 年，建成惠及十几亿人口的更高水平的全面小康社会，是我们党在新世纪、新阶段的奋斗目标。实现这个宏伟目标，必须不断增强可持续发展能力，明显改善生态环境，显著提高资源利用效率，促进人与自然和谐相处，推动整个社会走上生产发展、生活富裕、生态良好的文明发展道路。近年来，突发环境事件和因环境问题引发的群众性事件持续快速增长，严重影响到人民群众的生产生活，甚至影响社会和谐稳定。2007 年入夏以来，无锡、沭阳、长春等地饮用水源地遭受污染，对当地居民饮水用水安全造成了较大影响。随着人民生活水平的提高，广大群众对水环境质量的要求越来越高。让江河湖海休养生息，必须全面实行流域环境综合治理。当前，我国污染排放的构成日趋复杂，工业污染还在发展，生活污染、农业污染又日益突出。流域是一个十分复杂的生态系统，上游的环境污染直接影响中下游的环境质量，上游的生态保护关系到全流域的生态安全。河流是生命之河，对其开发应该控制在合理的限度内，保持必要的生态基流。要在进一步加强工业污染防治的同时，实行工业、农业、生活污染全面治理，实现上游、中游、下游水环境保护协调发展，统筹流域生产、生活和生态用水合理分配，综合运用工程、技术、生态措施，以及经济、法律和必要的行政手段推进流域环境的综合治理。

休养生息：必须坚持的几项基本原则

第一，坚持环境优化。我国的水环境形势已经到了十分危急的关头，经济增长方式和水资源利用方式如果不作根本性调整，发展将难以为继，全面小康的美好前景将无法实现。必须大力提倡和牢牢坚持环境优先的发展理念，经济社会发展规模和速度要把水资源承载能力、水环境容量作为基础和前提，把加强环境保护作为优化经济增长的重要手段。要充分尊重自然规律，将环保要求作为开展各类经济活动的前提，城市建设、土地利用、区域经济布局、产业结构调整等重大决策，都要充分考虑环境与资源承载能力，相关规划要与环保规划相协调。

第二， 确保饮水安全。"民以食为天，民以水为本"。水与人民群众日常生活息息相关，水质的好坏直接影响百姓身体健康。这就要求我们在水污染防治工作中，切实把保障人民群众的饮水安全作为首要任务，把维护群众健康放在首要位置，把饮用水源保护作为民心工程、德政工程，切实抓紧抓好。要建立健全饮用水安全保障体系，严厉打击危害饮用水源地环境安全的违法行为，严防有毒有害物质进入水体，尽快解决农村群众饮水用水存在的困难。

第三，明确目标责任。要根据各流域的经济社会发展水平和自然生态状况，采取"一河一策"的办法，有针对性地确定不同流域的防治目标和防控重点，并落实工作责任。跨行政区的河流，要严格实行界面考核的办法，落实治污责任。上游对下游造成污染的要进行赔偿；同时，上游为保护水环境作出贡献的，应得到补偿。在敏感时段（如枯水期）或河流的敏感区域（如重要的饮用水源地），要实施更高的环境标准，采取更严格的环境管理措施。

第四，强化系统管理。河流是充满活力的有机系统，为现代社会提供能源、运输、水产、灌溉等多方面的便利。人类社会开发利用河流的同时，必须维护河流的完整性、系统性，任何一方面过度的或不当的利用都有可能破坏河流生态系统，使河流失去活力。各地方、各部门都必须牢固树立全局观念，强化系统管理思想，使不同区域、不同领域的工作都有利于维护河流生态健康，实行工业、农业、生活污染全面治理，上游、中游、下游协调发展，生产、生活和生态用水合理分配，使河流始终充满生机与活力，实现人与水的和谐。

休养生息：必须采取果断有效的对策

让江河湖海休养生息，既是综合治理水环境的过程，又是经济社会健康发展的过程。要经过 20 年或更长一段时间的努力，让江河湖海的水环境质量得到明显改善，一些江河湖海的生态系统进入良性循环，为全面协调可持续发展奠定坚实的基础。 因此，必须采取更为科学有效的措施：

一是严格环境准入。让江河湖海休养生息，必须严格控制新的污染。一要严控有毒有害物质的排放。今后十年，凡是向国家确定的需休养生息的江河湖海排放重金属和难降解有机污染物的项目，向封闭、半封闭水体排放氮磷的项目，一律停批。二要控制高耗能、高污染行业过快增长。严格钢铁、铁合金、焦化、电石、铜冶炼、汽车等行业的准入条件，凡是不符合国家产业政策和环境保护要求的，一律不批。三要严格控制污染"增量"。对未按期完成减排任务、超过总量指标、环境违法问题突出、主要控制断面不达标，以及没有完成淘汰落后产能任务的地方或企业集团，实行"区域限批"、"流域限批"。四要严把项目验收关。对试生产的企业，要重点检查污染防治设施同步运行情况，对不正常运行的，要停止试生产，并责令限期改正。五要积极开展规划环评，从规划的源头控制污染。通过实行严格的环境准入制度，确保新上项目符合科技含量高、资源消耗低、污染排放少的要求，努力实现经济增长、污染减排。

二是淘汰落后产能。要按照国务院发布的《节能减排综合性工作方案》和国家关于火电、钢铁行业"上大压小"产业政策的要求，加大对电力、钢铁、建材、电解铝、铁合金、电石、焦炭、平板玻璃、造纸、酒精、味精、柠檬酸等12个高耗能、高污染行业落后生产能力的淘汰力度。要在国家确定的需休养生息的江河湖海，限期淘汰或关闭生产能力达不到一定规模的草浆和化学制浆生产装置，以及黄板纸、废纸造纸、酒精、味精、糠醛、淀粉等重污染生产企业。有条件的地区要进一步采取严于国家标准的产业政策，提高水污染物排放标准，并加快实施。各地要制定淘汰落后产能分地区、分年度工作方案并认真实施，对不按期淘汰的企业，地方政府要依照国家有关法律法规责令其停产或予以关闭，并加大处罚力度。要通过加快落后产能的淘汰和重污染企业的关闭，促进区域产业结构优化升级，大幅度削减污染负荷。

三是全面防治污染。休养生息是一项复杂的系统工程，必须统筹兼顾，综合治理。一要加大重点工业污染源治理力度。对超标排污企业依法实行停产整治；对不能稳定达标排放的企业实行限期治理，逾期未完成治理任务的，责令其停产整治；对虽能达标排放、但未按期完成减排任务的企业，要实行清洁生产审核，进行技术改造。二要加快推进城镇污水处理设施建设。污水处理设施建设要坚持"管网优先"，新建城区采用分流制管网，老城区大力推进雨污合流管网系统改造。三要加强对非点源尤其是农业面源的污染控制。要合理确定当地的水环境容量，依此核定农药、化肥的使用配额，指导农民科学施肥，同时对生产有机肥的产业实施政策倾斜。四要抓紧建立和完善科学的污染减排指标、监测和考核体系。重点企业和城市污水处理厂应尽快安装自动监控设备，及时准确地监控污染排放状况。五要合理开发利用水资源。统筹流域水资源开发利用和保护，处理好生活、生产和生态用水的关系；兼顾地表水和地下水的保护，制止地下水无序开发，防止污染物渗入地下；加强水源涵养区的生态保护和建设，保证稳定的上游来水。

　　四是强化综合手段。一要加强对污染防治情况的考核评估，将污染治理情况纳入各地经济、社会发展综合评价体系，作为领导干部综合考核评价的重要内容。二要加大环保投入，各级政府要把环保投入作为本级财政支出的重点，建立和完善多元化环境保护资金投入机制，疏通企业治污资金渠道，鼓励社会资金投入，保证环保投入增长幅度高于经济增长速度。三要完善经济政策，尽快按"保本微利"水平提高城市污水、垃圾处理收费标准，积极推进污染治理市场化，对重污染行业实行差别电价、阶梯水价政策，积极开展生态补偿和排污权交易试点。四要加强科技攻关，组织实施好"水体污染控制与治理"国家科技重大专项，围绕饮用水源地环境保护、城市水环境治理改善和重要流域的综合管理，启动一批项目，全面提高环境保护的科技支撑能力。五要加大执法力度，针对监管不力和"违法成本低、守法成本高"等突出问题，尽快修订有关环保法律法规，把国务院授予环保部门的限期治理权和停产整治权上升为法律规定，明确环境执法队伍的执法主体地位，加大处罚力度。

　　五是鼓励公众参与。休养生息的过程是增强环境意识、改变生产生活方式的难得时机。要加强宣传教育，不断增强各级干部和广大群众的环境意识和法制观念。

充分发挥舆论引导和监督作用，公开曝光环境违法行为，扩大公众环境知情权。建立环境信息共享与公开制度，实现水源地、污染源、流域水文和人群健康资料等有关信息的共享。对水污染重点行业（如造纸、酿造等）实行排放绩效公开，利用公众对污染排放企业进行监督，对污染企业形成强大的监督压力。各级政府应通过设置热线电话、公众信箱、开展社会调查或环境信访等途径获得各类公众反馈信息，及时解决群众反映强烈的环境问题。在推进江河湖海休养生息的过程中，努力使保护环境成为广大群众的自觉行为。

让生活相伴碧水蓝天

在一间教室里，正在召开一场以"呼唤明天的绿色"的主题班会，一组女生朗诵着《我们的星球》。在舒缓的轻音乐配合下，年轻的生命用最真挚的情感，呼唤着人们环境意识的觉醒，期盼着地球不再受到伤害。

> 在这寒冷的宇宙，
> 有一座星球花园。
> 唯独这里森林喧嚣，
> 把飞翔的鸟儿召唤。
> 唯独这里百花争艳，

> 青青的草地开着铃兰。
>
> 唯独这里一只只蜻蜓，
>
> 惊奇地注视溪水潺潺……
>
> 请珍惜我们的星球，
>
> 要知道在茫茫宇宙之间，
>
> 第二个这样的花园，
>
> 至今还没有发现。

袅袅余音中，巨大的爆炸声在中华大地上响起，昔日高耸入云的烟囱轰然倒地，再没有了无休止的黑烟，再没有了周边居民痛苦的忍耐。一个新的时代在爆炸声中诞生，一个新的希望在污染源的废墟上萌生，一种新的发展方式在旧的毁灭中产生。各地纷纷采取一系列严格的环保措施，改变政绩评价体系，并且提出"不要牺牲环境的 GDP"这样的目标诉求。由此，GDP 的含义将被赋予新的内容，带严重污染的将逐步退出历史舞台，取而代之的将是充满和谐意义的 GDP。

强化政府执行力的各种措施纷纷出台：

——国家环保总局组织专家论证通过了 29 个国家生态工业示范园区的建设规划，其中 26 个园区已得到了国家环保总局创建国家生态工业示范园区的批复。工业园区的生态化改造和生态工业示范园区的建设，将成为解决我国工业园区和工业集中区经济发展与资源环境制约之间矛盾的一个重要途径。

——2006年，国家环保总局发布了行业类、综合类和静脉产业类三个生态工业园区标准，用于这三类国家生态工业示范园区的建设、管理和验收。三个标准的发布不仅对各类生态工业园区的建设起到了引导作用，而且也为生态工业园区的管理提供了依据，为工业园区资源利用效率提高和环境质量持续改善提供了发展目标和具体指标。

——国家环保总局与商务部、科技部将联合推动对国家经济开发区和高新区的生态化改造，提出利用循环经济改造现有工业园区和城市发展的思路与措施，开展生态工业园区和循环经济示范区建设工作，促进国家级开发区又好又快地发展。

——2007年5月17日，国务院办公厅以国办发〔2007〕37号文印发了《关于第一次全国污染源普查方案的通知》。

目的是全面掌握各类污染源的数量、行业和地区分布，主要污染物及其排放量、排放去向、污染治理设施运行状况、污染治理水平和治理费用等情况，为污染治理和产业结构调整提供依据。建立国家与地方各类重点污染源档案和各级污染源信息数据库，促进污染源信息共享机制的建立，为污染源的管理奠定基础。掌握污染源的总体样本，为建立科学的环境统计制度、改革环境统计调查体系、提高统计数据质量创造条件；根据普查结果，建立新的"十二五"环境统计平台。提高各级环境保护主管部门，尤其是基层环保部门的管理能力，健全各级环境统计、监测、监督和执法体系。通过普查工作的宣传与实施，动员社会各界力量广泛参与污染源普查，提高全民环境保护意识。普查的对象包括：

1. 工业源。主要普查《国民经济行业分类》第二产业中除建筑业（含四个行业）外39个行业中的所有产业活动单位。工业源普查对象划分为重点污染源和一般污染源，分别进行详细调查和简要调查。2. 农业源。主要普查第一产业中的农业、畜牧业和渔业。3. 生活源。主要普查第三产业中有污染物排放的单位和城镇居民生活污染。4. 集中式污染治理设施。集中式污染治理设施普查范围是城镇污水处理厂、垃圾处理厂（场）和危险废物处置厂等。

——国家环保总局、中国人民银行、中国银监会于2007年7月中旬联合出台了《关于落实环境保护政策法规防范信贷风险的意见》，对不符合产业政策和环境违法的企业和项目进行信贷控制，以绿色信贷机制遏制高耗能，高污染产业的盲目扩张。

《意见》规定，各级环保部门要依法查处未批先建或越级审批，环保设施未与主体工程同时建成、未经环保验收即擅自投产的违法项目，要及时公开查处情况。金融机构要依据环保部门通报情况，严格贷款审批、发放和监督管理，对未通过环评审批或者环保设施验收的新建项目，金融机构不得新增任何形式的授信支持。对于各级环保部门查处的超标排污、超总量排污、未依法取得许可证排污或不按许可证规定排污、未完成限期治理任务的已建项目，金融机构在审查所属企业流动资金贷款申请时，应严格控制贷款。

《意见》明确提出了部门合作的工作机制，即建立环保部门和金融监管部门的联席会议制度，定期召开协调会交换信息。此外，银监会的加盟，将极为有利于把商业银行落实环保政策法规、控制污染企业信贷风险的情况纳入监督检查范围，对商业银行违规向环境违法项目贷款的行为实行责任追究和处罚。

——2007 年 7 月 12 日，召开全国湖泊污染防治工作会议，提出将实行更高水平、更加严格的环保标准治理重点湖泊，逐步恢复湖泊地区的自然风貌，推进流域经济社会协调发展。强调湖泊水环境整治攻坚，力争遏制湖泊富营养化加重的趋势，逐步改善湖体水环境质量，同时对重点湖泊生态安全逐一进行评价，根据不同湖泊的治理重点和难点，有针对性地进行研究和论证，实行"一湖一策",科学确定湖泊治理的目标。坚持"远近结合、标本兼治，分类指导、因地制宜，科学规划、综合治理，加强领导、狠抓落实"的方针，采取综合性的治理措施，如防止蓝藻暴发、调整产业结构、环境基础设施建设、面源污染控制、生态治理工程、加大污染治理投入、强化科技支撑、加强协调配合、严格环境执法监督和落实防污治污责任等。

——2007年9月1日，中央17个部门联合举办的"节能减排全民行动"系列活动，在北京人民大会堂举行启动仪式。曾培炎副总理强调，节能减排关系经济社会可持续发展，关系广大人民群众切身利益，需要全民动员，从现在做起，从点滴做起，成为每个公民每个家庭每个单位的自觉行动。"节能减排全民行动"，包括家庭社区行动、青少年行动、企业行动、学校行动、军营行动、政府机构行动、科技行动、科普行动、媒体行动等九个专项行动。目的是全面落实科学发展观，加快建设资源节约型、环境友好型社会。

不加快调整结构，转变消耗高、污染重的粗放型发展模式，不仅资源支撑不住，环境容纳不下，社会承受不起，经济发展也难以为继。节能减排，人人都可以而且应当有所作为，让我们共同行动起来。

更多、更强有力、全方位的政策和措施围绕着环境问题形成了人们关注的焦点，目标指向就是要全面落实科学发展观，用行动遏制环境恶化的趋势，用理智阻止传统发展思维的惯性，用制度构建和谐发展的基础。

让江河湖海休养生息，让生活相伴碧水蓝天。根本的出发点和落脚点就是减少"老"污染，控制"新"污染，让自然生态环境得以恢复"元气"，并通过这些措施，保障人民群众的环境权益，达到人与自然和谐共生的目标。虽然，休养生息政策的实施还面临着不少困难，一些地方仍抱着片面的政绩观不放，过度关注单纯的经济指标。与休养生息相配套的法律法规、政策体系建设涉及方方面面，对环境决策能力和执行能力构成严峻考验。同时技术支撑和引领作用乏力，已制约和影响治理工作有效进行。但是，在困难面前，我们要知难而上、坚韧不拔，全力推进休养生息政策的落实。

要扎实做好相关基础工作。对环境违法突出的地区实行"区域限批"。要继续强化和扩大"区域限批"范围，使"区域限批"规范化、制度化、经常化。加大重点湖泊水环境综合整治力度。对已发生富营养化的湖泊，在全流域停批增加氮磷排放总量的建设项目，使湖泊休养生息。

加强重点流域水污染防治工作。抓紧研究提出流域污染防治和化学需氧量减排的关键措施，统一防治步调，强化流域环境管理，努力使重点流域的水质逐步得到改善。

深化工业污染防治工作。提出进一步加强工业污染防治的价格、信贷、投资、财税、贸易政策措施，特别要强化针对工业企业污染物排放总量控制和排污许可制度。

加快推进农村环境保护。着力调整农业种植结构，防止工业和城市污染向农村转移，推进环境友好的生产生活方式。

有效防范突发环境事件，保护人民群众生命财产安全。重点推进"三大体系"建设和三大环保基础性、战略性工程。优先启动一批建设项目，尽快形成保障能力，为污染减排提供有力支持。

人民的期盼，政府的行动，凝聚成为改变中国环境发展态势的巨大动力，还人民"碧水蓝天"不再是愿望，而是实实在在的行动。昨天，多少人曾有意无意地为了一己私利或者崇高的目标伤害过环境，并不得不承受由此带来的灾难；今天，我们真实地感知到了危险，并对更大的危险心生恐惧，因而产生了比以往任何时候都强烈的愿望；明天，我们将通过理智的行动获得修复环境的机会，并在行动中得到青翠的山、碧绿的水、洁净的空气。

后 记

　　成册之际，掩卷凝思，感悟良多。两年前的一次突发的重大环境事件，标示出中国环境事业发展面临的两种选择：一个是经济社会发展与环境的恶化相伴，治理速度赶不上破坏速度，最终导致环境恶化制约经济社会发展并为治理环境付出巨大代价；另一个是采取果断措施，用最大的努力改变发展方式，追求和谐并最终走上可持续发展道路。中国环境建设事业站在历史的转折点上。选择什么道路、如何扭转趋势、怎样走向和谐？处在重大历史转变的特殊时期，不容有些许的犹豫，不许有丝毫的懈怠，不能有畏惧和退缩。

　　"事危则志锐，情迫则思深"。中国的环境保护事业以怎样的态势从过去走来，又将以怎样的态势向未来走去，是我走上新工作岗位思考最多，也是必须尽快作出准确回答的问题。我们不能改变过去，但是我们能够创造未来，也必须创造未来。

历史性转变，考验着决策者的责任、勇气和智慧。难得的历史机遇摆在面前，伟大的历史使命落在肩上。必须珍惜来之不易的大好机遇，以对事业高度负责的态度，深化改革，开拓创新，以极高的热情、极大的责任心，投身到这场史无前例的伟大变革中，绝不能辜负人民的厚望和国家的重托。

历史性转变，饱含着蝉蜕时期的痛苦与希望，需要有巨大的勇气和魄力。我们一方面要面对发展经济、追求经济增长的强大惯性，面对重视经济增长而忽视环境治理的短期行为；另一方面又必须坚持以人为本的理念，站在可持续发展的高度，统筹经济发展与环境治理的关系。两难选择，需要勇气和魄力来破解。

推进历史性转变，更需要有理智和智慧。符合实际的政策不能落实，不符合实际的政策狠抓落实，是为不智。能不能在错综复杂的条件下始终把握正确的方向，能不能根据不断变化的形势制定相应的政策，并将其贯彻于转变的过程中，引导环境保护沿着期望的路线运行，是一个充满智慧的挑战。

"知人者智，自知者明"，相应于国家赋予国家环境部门及其决策者的历史使命和要求，我的背景知识和工作经验还存在着不足，这种缺陷有可能影响到驾驭环境事业发展的大局。松花江水污染事件的处理，让刚刚从事环保工作的我切身感受到了环境问题的严重性、复杂性、紧迫性和环境保护的重要性、必要性、艰巨性，初步认识到了环境保护工作面临的压力和存在的问题。

如何完成自己肩负的使命，履行好新职，推动环保工作切实转入科学发展的轨道，"为人民群众创造良好的生产和生活环境"，只凭责任感、使命感，只靠多年工作积累的经验是远远不够的。"敏而好学，不耻下问"。摆在我面前的有两种选择：一是借助书本自学积累，边干边学；另一种是求教专家学者系统学习，我选择了后者。正是基于对环境事业发展的使命感和责任感，使我成了中国环境科学研究院的求知者，开始边工作边求教专家的历程。从2006年1月开始，我用两年的时间利用双休日、节假日进行系统学习，自学的同时还邀请40多位专家为我讲授了环境八大领域的40多门课程。这些环境领域各个学科的学者和专家给了我太多的帮助和启迪。

环境科学基础知识方面，中国环境科学研究院的孟伟院长、王业耀、柴发合、王琪研究员分别为我讲授了中国生态环境科技发展趋势、水环境科学概要、大气环境科学研究以及固体废物管理等基础课程。

环境管理领域，环保总局金鉴明院士，赵英民、杨朝飞司长，政研中心夏光主任，中国环境科学研究院段宁副院长、孟凡研究员，中国科学院生态中心王子健研究员分别为我讲授了自主创新的生态建设和生态保护、中国环境标准体系与发展、环境法制创新、循环经济与污染防治、环境管理情景与预警以及环境管理体系、环境风险分析评估等知识。

水环境污染控制领域，中国环境科学研究院刘鸿亮院士、清华大学钱易院士、北京师范大学刘昌明院士、中国水利水电科学院王浩院士、中国环境科学研究院金相灿、宋乾武、郑丙辉研究员为我讲授了水资源的可持续利用、水资源与水污染控制战略、中国湖泊富营养化及控制技术、水资源与环境保护、河口海岸环境状况与修复、水污染控制新技术与工程等专业内容。

大气环境污染控制领域，北京大学唐孝炎院士、清华大学郝吉明院士、中国环境科学研究院王文兴院士、任阵海院士，刘咸德、高庆先、王玮、鲍晓峰、张金良研究员，北京师范大学张远航教授为我讲授了国际大气化学进展与中国的借鉴、大气污染控制与区域发展、中国的酸雨研究及对策、污染物跨界输送及气候变化对环境的影响、大气颗粒物污染及其环境特征、温室气体减排的影响、环境污染与人体健康、大气复合污染控制策略以及机动车污染控制战略研究等相关知识。

　　固体废物污染控制与化学品管理领域，清华大学聂永丰教授、环保总局李干杰副局长、中国环境科学研究院高映新研究员、席北斗博士为我讲授了固体废物处理技术、核安全环境保障、我国化学品现状与管理体系以及固体废物资源化技术。

　　生态环境与区域生态建设领域，中国科学院孙鸿烈院士、中科院地理与资源研究所李文华院士、中国环境监测总站魏复盛院士、环保总局南京环科所蔡道基院士、北京师范大学史培军教授、中国人民大学温铁军教授、中科院生态中心江桂斌研究员以及中国环境科学研究院高吉喜研究员给我作了我国生态环境建设策略、农村环境污染特征、新农村建设与环境保护、中国的沙尘暴及其环境效应以及持久性有机污染物的危害与控制等专题讲座。

　　环境规划与循环经济领域，清华大学程声通教授、中国人民大学马中教授、中国城市规划设计研究院邹德慈教授、环境规划院王金南研究员等为我讲授了环境系统工程、环境经济的研究进展、可持续发展战略、城市规划与环境评估、环境经济政策、环境规划及环境政策等方面的知识。

　　环境污染的生态效应与环境科技发展热点领域，我学习了化学品的生态效应与生态毒理、土壤污染与控制技术、污染物水化学研究、环境污染与人体健康效应、气候变化对环境的影响及污染物跨界输送、生态城市建设的理论和趋势、区域大气环境质量调控策略、环境经济理论等课程。

我采取了上课和看书、上课和实践、上课和调研、上课和总结经验教训、上课和解决现实问题"五个结合"的学习方法，通过比较系统地学习，强化了业务思维能力和理论联系实际的学风。

实践证明，学可以明智，习可以增慧。中国的环保事业非集群智而不可胜，集群智不可不胜。正是在特殊的时代背景下，有科学发展观的理论创新，有广大人民群众改善环境的迫切愿望，有一批献身中国环境事业并努力推进历史性转变的人，才有了环境事业别样的进步。

编成此著，既是记述推动历史性转变的心路历程，也是想表达对师者的感激与尊重，并借此打开广纳建言的大门，诚请关心中国环境事业的仁者，建言献策，共谋发展。中国的环境事业任务艰巨、道路曲折，但中国的环境事业前途光明，充满希望。在未来的岁月里，我将精益求精，学而思用，审慎笃行。

是为后记。

2007 年 9 月

主要参考文献

1.马克思、恩格斯：《马克思、恩格斯全集》（第 40 卷），人民出版社 1982 年版。

2.国家环境保护总局、中共中央文献研究室编：《新时期环境保护重要文献选编》，中国环境科学出版社 2001 年版。

3.［美］蕾切尔·卡逊：《寂静的春天》，吕瑞兰等译，吉林人民出版社、中国环境科学出版社 2006 年版。

4.［美］芭芭拉·沃德等：《只有一个地球》，《国外公害丛书》编委会译，吉林人民出版社、中国环境科学出版社 2006 年版。

5.［美］丹尼斯·米都斯等：《增长的极限》，李宝恒译，吉林人民出版社、中国环境科学出版社 2006 年版。

6.周生贤：《中国林业的历史性转变》，中国林业出版社 2002 年版。

7. 王梦奎：《中国中长期发展的重要问题 2006—2020》，中国发展出版社 2005 年版。

8. 吴敬琏：《中国增长模式抉择》，上海远东出版社 2006 年版。

9. 季羡林：《季羡林说国学》，中国书店 2007 年版。

10. 李晓西等：《新世纪中国经济报告》，人民出版社 2006 年版。

11. 刘世锦等：《传统与现代之间》，中国人民大学出版社 2006 年版。

12. ［日］ 宫本宪一：《环境经济学》，朴玉译，生活·读书·新知三联书店 2004 年版。

13. ［美］ 保罗·R·伯特尼等：《环境保护的公共政策》，穆贤清等译，上海三联书店、上海人民出版社 2004 年版。

14. ［美］ 莱斯特·R·布朗：《B 模式 2.0》，林自新等译，东方出版社 2006 年版。

15. ［美］ 格蕾琴·C·戴利等：《新生态经济》，郑晓光等译，上海科技教育出版社 2005 年版。

16. 日本环境会议《亚洲环境情况报告》编辑委员会编著：《亚洲环境情况报告第 1 卷》，周北海等译，中国环境科学出版社 2005 年版。

17.UNEP：《全球环境展望 3》，刘毅等译，中国环境科学出版社 2002 年版。

18.中国科学院可持续发展战略研究组编著：《2006 中国可持续发展战略报告》，科学出版社 2006 年版。

19.王伟中：《国际可持续发展战略比较研究》，商务印书馆 2000 年版。

20.曲格平：《关注生态安全》，中国环境科学出版社 2004 年版。

21.王伟：《生存与发展》，人民出版社 1995 年版。

22.郭培章等：《中外流域综合治理开发案例分析》，中国计划出版社 2001 年版。

23.广州市环境保护宣传教育中心编：《马克思恩格斯论环境》，中国环境科学出版社 2003 年版。